Vidro plano para edificações

Vidro plano para edificações

Fernando Simon Westphal

© Copyright 2022 Oficina de Textos

Grafia atualizada conforme o Acordo Ortográfico da Língua Portuguesa de 1990, em vigor no Brasil desde 2009.

Conselho Editorial Aluízio Borém; Arthur Pinto Chaves; Cylon Gonçalves da Silva; Doris C. C. K. Kowaltowski; José Galizia Tundisi; Luis Enrique Sánchez; Paulo Helene; Rosely Ferreira dos Santos; Teresa Gallotti Florenzano

Capa e Projeto Gráfico Malu Vallim
Diagramação Victor Azevedo
Foto capa Phil Desforges (www.unsplash.com)
Preparação de figuras Victor Azevedo
Preparação de textos Hélio Hideki Iraha
Revisão de textos Natália Pinheiro
Impressão e acabamento Mundial gráfica

Dados Internacionais de Catalogação na Publicação (CIP)
(Câmara Brasileira do Livro, SP, Brasil)

Westphal, Fernando Simon
    Vidro plano para edificações / Fernando Simon Westphal. -- 1. ed. -- São Paulo, SP : Oficina de Textos, 2022.

    ISBN 978-65-86235-77-7

    1. Construção civil - Materiais 2. Engenharia civil 3. Vidro 4. Vidro - História 5. Vidro - Indústria I. Título.

22-130101   CDD-624

Índices para catálogo sistemático:
1. Engenharia civil 624

Eliete Marques da Silva - Bibliotecária - CRB-8/9380

Todos os direitos reservados à **Oficina de Textos**
Rua Cubatão, 798
CEP 04013-003 São Paulo Brasil
tel. (11) 3085-7933
www.ofitexto.com.br   e-mail: atend@ofitexto.com.br

PREFÁCIO

Este manual é fruto de uma interação, por meio de projetos de pesquisa e desenvolvimento, com a Associação Brasileira das Indústrias de Vidro (Abividro), que se iniciou em 2009, após a minha participação como consultor em diversos projetos de edificações no País que tiveram o nível de eficiência energética comprovado por programas de certificação e etiquetagem. Muitos desses projetos, principalmente localizados em São Paulo, foram desenvolvidos por escritórios de arquitetura nacionais e possuem as fachadas inteiramente revestidas de vidro. Tais soluções são muito questionadas na comunidade acadêmica, discutindo-se a aplicabilidade desses projetos em climas quentes.

Comecei a explorar melhor o desempenho térmico de soluções arquitetônicas com fachadas envidraçadas, procurando responder à pergunta: é possível produzir edificações inteiramente envidraçadas no Brasil sem impacto significativo no conforto interno e no consumo de energia?

A questão merece uma análise criteriosa. Primeiro, a arquitetura corporativa busca maior transparência, maior integração entre ambiente interno e externo. Em segundo lugar, a indústria do vidro evoluiu muito, especialmente no Brasil, desde a década de 1980. Hoje, com a diversidade de produtos de controle solar e possibilidades de beneficiamento do vidro plano, é possível sim chegar a boas soluções arquitetônicas com um consumo de energia em padrões aceitáveis.

Inicialmente, é importante destacar que o ambiente onde um projeto será edificado é determinante na definição de suas estratégias de eficiência energética. É evidente que todos gostariam de ocupar prédios ventilados e iluminados naturalmente. No entanto, em centros urbanos densamente ocupados, dificilmente estratégias de condicionamento passivo terão grande eficácia, ao mesmo tempo que se busca atender ao retorno financeiro de um empreendimento. Edifícios corporativos executados em grandes centros urbanos geralmente possuem plantas profundas e densidade de ocupação elevada. O uso de condicionamento de ar artificial é imperativo. Porém, diversas estratégias são aplicadas atualmente para diminuir a demanda e o emprego de tais sistemas, como recuperação de calor, vazão de ar variável e equipamentos de alta eficiência. A influência da fachada no consumo de energia começa a ser minimizada já com essas soluções. Na sequência, a utilização de vidros de controle solar na área visível dos envidraçamentos e o isolamento térmico das partes opacas da fachada permitem maior controle do ganho de calor solar, ao mesmo tempo que garantem alta integração com o exterior e aproveitamento da luz natural. A especificação adequada dos vidros, com transmissão luminosa coerente com o projeto, e o tratamento superficial em alguns casos, como a serigrafia, possibilitam controlar o aproveitamento da luz do dia, evitando problemas de desconforto. Porém, o arquiteto precisa conhecer as soluções técnicas, os produtos disponíveis no mercado e suas propriedades.

O termo *vidro plano* aplica-se para diferenciá-lo do vidro oco, utilizado como embalagem. O vidro plano não só é empregado em edificações – em fachadas, móveis, espelhos, divisórias etc. – como também é extensivamente adotado na indústria automobilística e na fabricação de eletrodomésticos. O processo de fabricação mais comum é o método *float*, por flutuação da massa de vidro em estanho derretido. Por isso, o vidro plano comum é normalmente denominado no mercado como vidro *float*.

A finalidade deste livro é apresentar os conceitos básicos sobre as propriedades do vidro plano, seus diferentes tipos e seus critérios de segurança e de desempenho térmico, lumínico e acústico, consolidando recomendações gerais para o correto uso do vidro em edificações com ênfase no conforto ambiental e na eficiência energética.

O manual consiste na compilação e no tratamento de informações disponíveis nos catálogos dos fabricantes de produto, com o objetivo de uniformizar conceitos. O primeiro capítulo apresenta um breve histórico sobre o surgimento e os processos de fabricação do vidro. Na sequência, são apresentados os diferentes tipos de vidro, os requisitos de segurança e os critérios de desempenho, conforto ambiental e eficiência energética. O penúltimo capítulo resume as informações técnicas apresentadas ao longo do texto, procurando oferecer ao leitor um guia de aplicação prática do vidro plano em edificações. Por fim, apresenta-se a lista de normas da Associação Brasileira de Normas Técnicas (ABNT) relacionadas ao uso de vidro plano em edificações.

Esperamos que este texto seja o ponto de partida para o estudo da aplicação de vidros planos em projetos de arquitetura, servindo de material de consulta básica para profissionais e estudantes.

Boa leitura!

Prof. Fernando Simon Westphal

SUMÁRIO

1 BREVE HISTÓRICO **11**

2 TIPOS DE VIDRO **14**
    2.1 Processo de fabricação e cadeia produtiva no Brasil 14
    2.2 Vidros produzidos nas fábricas 16
    2.3 Vidros processados com tratamento superficial 21
    2.4 Vidros beneficiados 23
    2.5 Vidros especiais 29
    2.6 Nomenclatura das faces do vidro 31
    2.7 Tratamento de borda 33

3 SEGURANÇA **35**

4 DESEMPENHO TÉRMICO **39**
    4.1 Ganho de calor solar 40
    4.2 Propriedades ópticas 46
    4.3 Índice de seletividade 47
    4.4 Transferência de calor por diferença de temperatura 49
    4.5 Efeito estufa 54

5 DESEMPENHO LUMÍNICO **56**
    5.1 Transmissão luminosa 58
    5.2 Conforto visual 61
    5.3 Estratégias de projeto 63

6 EFICIÊNCIA ENERGÉTICA **67**
    6.1 Análise climática 68
    6.2 Área de janela da fachada 71
    6.3 Transferência de calor pela fachada 71
    6.4 Simulação energética computacional 74

7 DESEMPENHO ACÚSTICO 86
    7.1 Conceitos e propriedades 86
    7.2 Isolamento acústico 89
    7.3 Vidros laminados e insulados 94

8 COMO ESPECIFICAR 98
    8.1 Estética 99
    8.2 Resistência e segurança 101
    8.3 Conforto ambiental e eficiência energética 120

9 NORMAS 124
    9.1 NBR 7199 – Vidros na construção civil – Projeto, execução e aplicações 125
    9.2 NBR 7334 – Vidros de segurança – Determinação dos afastamentos quando submetidos à verificação dimensional e suas tolerâncias – Método de ensaio 125
    9.3 NBR 10821 – Esquadrias externas para edificações 125
    9.4 NBR 12067 – Vidro plano – Determinação da resistência à tração na flexão 126
    9.5 NBR 14207 – Boxes de banheiro fabricados com vidros de segurança 126
    9.6 NBR 14488 – Tampos de vidro para móveis – Requisitos e métodos de ensaio 126
    9.7 NBR 14564 – Vidros para sistemas de prateleiras – Requisitos e métodos de ensaio 126
    9.8 NBR 14696 – Espelhos de prata 126
    9.9 NBR 14697 – Vidro laminado 126
    9.10 NBR 14698 – Vidro temperado 127
    9.11 NBR 14718 – Guarda-corpos para edificação 127
    9.12 NBR 15198 – Espelhos de prata – Beneficiamento e instalação .. 127
    9.13 NBR 16015 – Vidro insulado – Características, requisitos e métodos de ensaio 127
    9.14 NBR 16023 – Vidros revestidos para controle solar – Requisitos, classificação e métodos de ensaio 127
    9.15 NBR ISO 9050 – Vidros na construção civil – Determinação da transmissão de luz, transmissão direta solar, transmissão total de energia solar, transmissão ultravioleta e propriedades relacionadas ao vidro 127
    9.16 NBR NM 293 – Terminologia de vidros planos e dos componentes acessórios à sua aplicação 128
    9.17 NBR NM 294 – Vidro *float* 128

9.18 NBR NM 295 – Vidro aramado 128
9.19 NBR NM 297 – Vidro impresso 128
9.20 NBR NM 298 – Classificação do vidro plano quanto ao impacto..128

REFERÊNCIAS BIBLIOGRÁFICAS 129
APÊNDICES 133

BREVE HISTÓRICO 1

Não há informações precisas sobre a origem do vidro ou de sua fabricação. Cinzas descobertas a partir do cobre fundido e da queima de vasos de barro eram utilizadas para esmaltar a cerâmica desde tempos remotos, dando início à produção de utensílios vitrificados. Contas de vidro esverdeado foram encontradas em tumbas de faraós egípcios, datadas de 3.500 a.C., marcando o começo da fabricação intencional de vidro. Estudos indicam a existência de artefatos de cerâmica vitrificada desde o século V a.C. na Mesopotâmia e desde o século IV a.C. no Egito. A partir de meados do século II a.C. começam a surgir anéis e pequenas imagens de vidro moldadas em tigelas. Nessa época, o processo de fabricação de utensílios de vidro consistia em fixar uma mistura de areia e argila numa haste metálica que, mergulhada em vidro fundido e girada em torno de seu próprio eixo, criava um grande núcleo sólido envolto por uma massa de vidro amolecido. Na sequência, essa massa era enrolada numa forma adequada sobre uma superfície plana e o núcleo era removido após o resfriamento. Esse processo permitiu a produção de pequenos copos, vasos etc.

O registro mais antigo sobre o processo de fabricação de vidro aparece em tabuletas de argila na grande biblioteca do rei assírio Ashurbanipal (668-626 a.C.), que descreviam: "pegue 60 partes de areia, 180 partes de cinza de algas marinhas, 5 partes de giz [carbonato de cálcio] – e você terá vidro".

Somente após a invenção do ferro de sopro, em meados de 20 a.C., por artesãos da Síria é que se tornou possível a produção de uma ampla variedade de vasos de vidro ocos com paredes mais finas.

O uso de vidro em edificações foi revelado por escavações na Roma antiga, nas vilas de Pompeia e Herculano. Painéis de 300 mm × 500 mm, com 30 mm a 60 mm de espessura, eram instalados com perfis de madeira ou bronze ou sem qualquer forma de caixilho. A fabricação desses painéis era feita a partir de uma pasta viscosa de vidro fundido que, derramada sobre uma mesa polvilhada com areia, era manipulada com ganchos de ferro. Esses ganchos estendiam e moldavam o vidro, que na sua forma final ainda era verde-azulado e pouco transparente.

Na Idade Média, utensílios de vidro continuavam a ser produzidos, embora mais voltados para abastecer igrejas e monastérios. As grandes vidrarias eram localizadas em regiões de florestas e rios, que podiam fornecer a energia e a potassa (soda) necessárias para a fabricação, além de água para o transporte de areia e o resfriamento do processo.

Os processos de fabricação por sopro em cilindro e em coroa foram a base da produção de vidro desde a Idade Média até o final do século XIX e o início do século XX. Em ambos os processos, uma massa de vidro era soprada usando-se um tubo de aço, formando um balão que era constantemente aquecido para manter a ductilidade do vidro. O cilindro de vidro era moldado por sopro, balançado e girado continuamente, garantindo paredes bem finas, e depois cortado e esticado sobre uma superfície plana. No método da coroa, uma bolha de vidro era soprada na extremidade do tubo de aço e constantemente aquecida, moldada e girada, formando um disco que posteriormente era cortado em pedaços retangulares sobre uma superfície plana.

Entre os séculos XV e XVII, Veneza destacou-se como a maior produtora de vidro incolor de alta pureza. Objetos como tigelas, taças e espelhos eram exportados principalmente para a Alemanha e a França.

A partir do século XVII, a produção de vidro decolou e ele deixou de ser exclusividade de igrejas e monastérios. Mas, no final do século XVIII, esse produto ainda era tão precioso que os locatários o retiravam das janelas depois de desocupar uma habitação, considerando que não fazia parte do acabamento fixo do imóvel. Os cocheiros também retiravam o vidro das carruagens e o substituíam por tela de vime ao final do dia de trabalho.

Progresso significativo foi feito no século XIX. O forno de fusão foi aprimorado, aumentando a eficiência na produção e diminuindo o custo. O processo de sopro em cilindro também foi aperfeiçoado para diminuir a quebra e melhorar o acabamento superficial. Tal evolução permitiu a construção, entre 1850 e 1851, do Crystal Palace (Fig. 1.1), um pavilhão de exposições em Londres que consumiu 84.000 m² de vidro em suas paredes e cobertura. Todos os painéis foram fabricados em poucos meses.

Fig. 1.1 *Crystal Palace, em Londres, no século XIX*
Fonte: Philip Henry Delamotte, Negretti e Zambra (Smithsonian Libraries).

Na virada para o século XX o processo foi mecanizado. Em 1905, o vidro passou a ser esticado entre cilindros polidos (feitos de uma liga especial de níquel). A velocidade na produção aumentou significativamente e tornou-se possível fabricar vidros em espessuras de 0,6 mm a 20 mm, dependendo da velocidade do estiramento. Em 1913, o vidro passou a ser estirado, ou seja, "puxado" verticalmente por ganchos metálicos a partir da massa derretida. Nesse processo, o vidro ainda não era perfeitamente plano, apresentando pequenas ondulações.

Na década de 1950 foi desenvolvido o processo de fabricação por flutuação da massa de vidro sobre estanho derretido. Assim surgiu o vidro *float*, tal como é produzido hoje em dia.

Atualmente, o vidro plano compõe uma importante classe de materiais utilizados em diferentes segmentos. Estima-se que cerca de 70% da produção total de vidros é usada na construção civil, principalmente em novos edifícios ou na renovação de fachadas.

2 TIPOS DE VIDRO

2.1 Processo de fabricação e cadeia produtiva no Brasil

A cadeia produtiva do vidro começa na extração dos minerais que abastecem as usinas de base com matérias-primas. É a partir daí que as fábricas iniciam a produção das chapas de vidro plano, também denominado vidro *float*. Elas são fabricadas em tamanhos padronizados, em quatro cores (incolor, verde, bronze e cinza) e em espessuras que variam geralmente de 2 mm a 19 mm, podendo-se encontrar chapas de até 25 mm, nesse caso com aplicações mais usuais na indústria de decoração.

A composição básica do vidro *float* é estabelecida na NBR NM 294 (ABNT, 2004b) conforme as proporções dadas na Tab. 2.1. Outras substâncias podem ser adicionadas em pequenas quantidades para alterar algumas das propriedades do vidro *float*, como a cor, mas sem alterações na resistência mecânica. O processo de fabricação do vidro *float* é realizado em cinco etapas principais, como descrito na Fig. 2.1.

Tab. 2.1 Composição química do vidro *float*

Componente	Proporção
Dióxido de silício (SiO_2)	69% a 74%
Óxido de cálcio (CaO)	5% a 12%
Óxido de sódio (Na_2O)	12% a 16%
Óxido de magnésio (MgO)	0% a 6%
Óxido de alumínio (Al_2O_3)	0% a 3%

Fonte: ABNT (2004b).

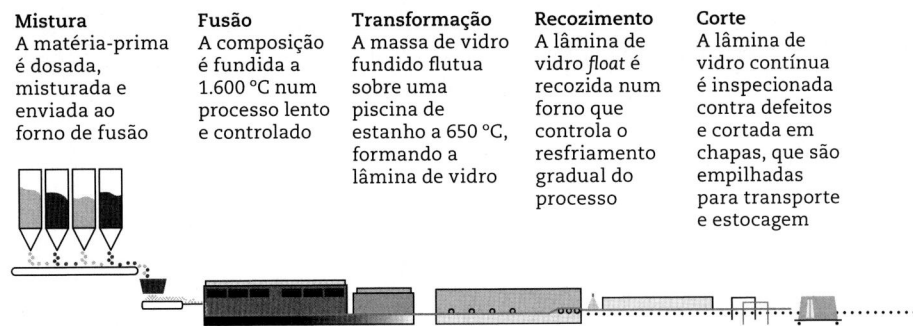

Fig. 2.1 *Processo de fabricação do vidro* float
Fonte: adaptado de AGC (2015).

No Brasil, os fabricantes comercializam chapas de vidro *float*, de vidro impresso, de espelhos e de algumas especificações de vidros pintados, laminados e aramados com as distribuidoras e as processadoras, antes de os produtos chegarem ao consumidor final. Nas processadoras, o vidro pode ser beneficiado para gerar variadas formas de aplicação, que serão descritas a seguir. Algumas processadoras fornecem o vidro diretamente ao consumidor final, mas em muitos casos ainda existe a participação das vidraçarias, que podem realizar o corte de alguns tipos de vidro e a instalação final. A Fig. 2.2 ilustra o fluxo da cadeia produtiva do vidro plano no País.

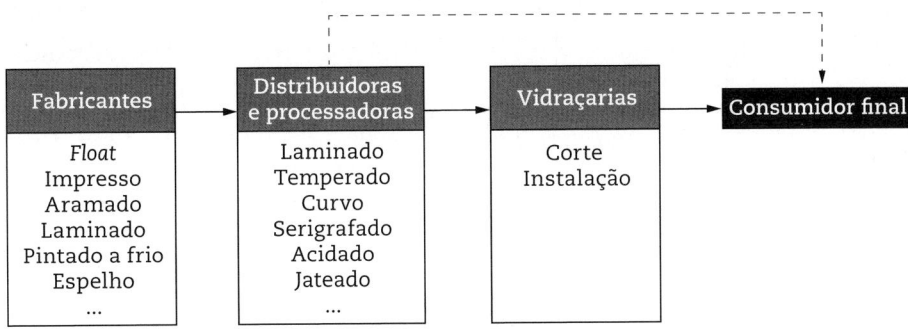

Fig. 2.2 *Cadeia produtiva do vidro plano no Brasil*

O Quadro 2.1 resume as principais possibilidades de produtos e beneficiamento disponíveis no mercado. São várias as opções de combinação e é difícil traçar uma sequência direta das alternativas de tratamento e beneficiamento para cada tipo de vidro. Nem todas as processadoras fornecem todos os tipos de beneficiamento, e alguns fabricantes também comercializam vidros já processados, como algumas opções de laminados, pintados a frio e serigrafados.

Quadro 2.1 Diferentes tipos de vidro plano fabricados e processados

Produzidos nas fábricas	Processados nas distribuidoras		Vidros especiais
	Tratamento superficial	Beneficiamento	
Aramado	Acidado	Curvo	Antibacteriano
De controle solar	Jateado	Insulado	Antirrisco
Espelho	Pintado a frio	Laminado	Autolimpante
Extra clear	Serigrafado	Temperado	Blindado
Float (incolor)			Fotovoltaico
Float colorido			Para-chamas
Impresso			Redutor de radiação
Laminado			Corta-fogo
Pintado a frio			
Serigrafado			

O mais importante é conhecer os diferentes tipos e aplicações possíveis. Recomenda-se que, ao desenvolver um projeto, o especificador consulte a distribuidora ou a processadora de vidro para verificar a disponibilidade de cada solução. A leitura da NBR 7199 (ABNT, 2016) é primordial para a decisão do tipo de beneficiamento necessário para a aplicação segura do vidro plano em edificações.

Os principais tipos de vidro plano utilizados em edificações são apresentados a seguir, em ordem alfabética, classificados pelos grupos listados no quadro anterior.

2.2 Vidros produzidos nas fábricas

2.2.1 Aramado

O vidro aramado possui uma tela metálica incorporada ao seu interior, que é inserida na massa vítrea ainda derretida, conferindo maior resistência à chapa de vidro. É considerado um vidro de segurança e para-chamas. Quando quebrado, seus cacos permanecem presos à tela metálica, evitando possíveis ferimentos e mantendo o local de instalação fechado. Quando exposto ao fogo por longo período, o vidro se quebra, mas permanece no mesmo local, preso à malha metálica. As chamas só se espalham quando sua influência é tão forte que forma uma abertura no vidro.

A norma ABNT que trata dos requisitos mínimos de qualidade do vidro aramado é a NBR NM 295 (ABNT, 2004c), que o classifica em dois tipos:

- *Aramado translúcido*: vidro plano, translúcido e incolor ou colorido, obtido por fundição e laminação contínuas, que incorpora durante seu processo de fabricação uma malha de arame de aço soldada em todas as suas intersecções. Apresenta sobre uma ou ambas as faces um desenho impresso.
- *Aramado transparente*: vidro plano, transparente e incolor, obtido por fundição e laminação contínuas, que incorpora durante seu processo de fabricação uma malha de arame de aço soldada em todas as suas intersecções. Ambas as faces são paralelas entre si e polidas mecanicamente.

Como requisitos de qualidade, a NBR NM 295 estabelece limites para defeitos de impressão e deformação da malha, caracterizados pela falta de esquadro ou por ondulações (do desenho do vidro impresso ou da malha metálica). A norma também apresenta as espessuras nominais previstas para o vidro aramado, que são de 6 mm, 6,5 mm, 7 mm, 8 mm e 9 mm, além de seus limites de tolerância.

O vidro aramado tem suas aplicações mais comuns em portas de acesso (Fig. 2.3), janelas de escadas enclausuradas, divisórias, portas de móveis, guarda-corpos, coberturas e janelas projetantes para o exterior. Todas essas aplicações são previstas pela NBR 7199.

Os benefícios do vidro aramado são o baixo valor atualmente encontrado no mercado, quando comparado ao de outros vidros de segurança, e a capacidade de proporcionar privacidade sem perda de luminosidade nos ambientes, devido à sua superfície texturizada.

É importante destacar que o vidro aramado nunca deve ter suas bordas expostas, sobretudo se estiver em locais suscetíveis a intempéries, pois a malha de aço pode oxidar e comprometer a integridade do vidro, particularmente quando utilizado na cobertura de um ambiente doméstico, prejudicando a segurança do sistema.

Fig. 2.3 *Vidro aramado aplicado em porta de giro com perfil de alumínio*

2.2.2 De controle solar

Vidros de controle solar são aqueles que possuem um tratamento superficial com um revestimento metálico, imperceptível a olho nu, mas que pode lhes conferir um aspecto mais refletivo ou mais escurecido.

Esse revestimento, cuja eficiência depende de sua composição, tem a função de minimizar o ganho de calor solar através do vidro, filtrando parte do espectro da radiação incidente. Em termos gerais, pode-se dizer que o revestimento metálico de vidros de controle solar funciona como uma "peneira" ou, mais precisamente, como um "filtro" à radiação incidente, permitindo o controle da transmissão de luz e calor para o ambiente interno.

Com a tecnologia de revestimento que existe atualmente, é possível ter vidros com mesmo desempenho térmico, mas com aspectos diferentes. Dessa forma, pode-se buscar alta eficiência energética aliada à estética desejada para o projeto e ao contato visual com o exterior.

O revestimento, também chamado de *coating*, pode ser aplicado durante o processo de fabricação, com o vidro ainda quente (processo *on-line* ou *hard-coating*), ou após o vidro pronto (processo *off-line* ou *soft-coating*). Dependendo do tipo de revestimento e de sua resistência a intempéries, o vidro de controle solar deve ser laminado ou insulado para protegê-lo no interior da composição. Existem também soluções que podem ser aplicadas na forma monolítica, bem como soluções com vidros curvados e temperados. Além disso, o revestimento pode ser aplicado a um vidro colorido, que posteriormente é serigrafado.

A principal aplicação dos vidros de controle solar ocorre em janelas, fachadas (Fig. 2.4) e coberturas envidraçadas, permitindo maior área de abertura com menor ganho de calor em comparação com o vidro *float* incolor ou colorido. Mais detalhes sobre essas aplicações serão apresentados no Cap. 6. A norma nacional que trata das características e dos métodos de ensaio para a garantia da qualidade dos vidros de controle solar é a NBR 16023 (ABNT, 2020b).

Fig. 2.4 *Vidro de controle solar aplicado em fachada em pele de vidro*

2.2.3 Espelho

Objeto fundamental para residências como complemento de decoração, o espelho é fabricado a partir de um vidro *float* que recebe a aplicação de camadas metálicas (de prata e cobre ou somente de prata) sobre uma de suas superfícies. Essas camadas são protegidas por outra série de aplicações de tintas especiais. É a prata que promove o reflexo das imagens, visível por meio do vidro transparente e protegida externamente pelas tintas.

Atualmente, existem dois processos para a fabricação do espelho. O primeiro é o galvânico, um dos mais difundidos no mundo, que utiliza camadas metálicas de prata e cobre juntamente com tintas protetoras. O segundo processo é o *copper-free*, mais recente e que não adota o cobre como protetor da prata. Nesse caso, é empregada uma camada metálica de prata, agentes passivadores de ligamento e tintas protetoras, e a proteção é feita por uma solução inerte que, aplicada sobre a prata, evita sua oxidação e dá boa aderência às tintas. O mercado brasileiro dispõe de espelhos fabricados a partir das duas tecnologias.

Existem vários tipos de espelho, como simples, de segurança com resina, côncavos, convexos, bisotados, laminados e coloridos, entre outros. Suas formas de aplicação são inúmeras, como em banheiros, revestimentos, móveis e decoração em geral, tendo sido ampliadas com o aprimoramento das técnicas de fabricação. Cabe mencionar que há espelhos que possuem alta resistência ao aparecimento de manchas (oxidação) e alto grau de reflexão.

A NBR 14696 (ABNT, 2015) estabelece os requisitos gerais e os métodos de ensaio para garantir a durabilidade e a qualidade dos espelhos de prata manufaturados.

2.2.4 Extra clear

O vidro *extra clear* é o *float* fabricado com baixo teor de óxido de ferro, resultando em um vidro extremamente transparente e claro. Por não possuir tom esverdeado como os vidros comuns, apresenta alta transmissão luminosa. Sua aplicação é requisitada em ambientes onde se deseja aumentar a transparência, como vitrines e expositores, ou ainda em painéis fotovoltaicos e aquecedores solares. Também tem sido utilizado na composição de revestimentos de fachada como base de vidro serigrafado, evitando a distorção de tons da serigrafia, geralmente na cor branca. O vidro *extra clear* pode receber os mesmos tipos de tratamento e beneficiamento do vidro *float* incolor.

2.2.5 *Float* (incolor)

O vidro *float* – também chamado de vidro recozido – é o vidro comum, que ainda não recebeu qualquer tipo de beneficiamento. Recozimento é o processo de resfriamento controlado para evitar a tensão residual no vidro e é uma operação inerente à fabricação do vidro *float*. A NBR NM 294 estabelece a definição do vidro *float* como: "vidro de silicato sodocálcico, plano, transparente, incolor ou colorido em sua massa, de faces paralelas e planas, que se obtém por fundição contínua e solidificação no interior de um banho de metal fundido" (ABNT, 2004b).

Esse vidro pode ser cortado, usinado, perfurado, curvado, lapidado e polido. A partir das chapas de vidro plano é possível fazer uma série de processamentos, que geram a maioria dos diferentes tipos de vidro listados neste capítulo, tais como: de controle solar, espelho, acidado, jateado, pintado a frio, serigrafado, curvo, insulado, laminado, temperado, antibacteriano, autolimpante, resistente ao fogo, blindado e fotovoltaico.

Em edificações, o vidro *float* pode ser utilizado onde não há o risco de impacto humano, como em janelas de correr, com o vidro inteiramente encaixilhado e instalado acima de 1,10 m do piso. A NBR 7199 define as aplicações e os usos de cada tipo de vidro, que devem ser observados com muito cuidado. O Cap. 3 abordará em detalhes as condições de aplicação previstas na norma.

2.2.6 *Float* colorido

Os vidros coloridos são transparentes, mas com uma leve coloração em sua massa. Utilizando o mesmo processo de fabricação *float*, a massa do vidro comum recebe uma quantidade de metais específicos que lhe confere um tom de cor, podendo ser verde, bronze ou cinza. Alguns fabricantes criam tonalidades diferentes dentro desses três grupos de cores.

Além do efeito estético diferenciado, o vidro colorido absorve parte da radiação solar, reduzindo sua transmissão para o interior do ambiente. Porém, grande parte do calor absorvido pode ser reirradiado para o interior da edificação, o que demanda especial atenção para evitar problemas de desconforto térmico. As aplicações do vidro colorido são inúmeras, e ele pode receber revestimento metálico para controle solar e qualquer tipo de beneficiamento, da mesma forma que o vidro *float* incolor.

2.2.7 Impresso

Segundo definição da NBR NM 297 (ABNT, 2004d), o vidro impresso é um vidro plano, translúcido, incolor ou colorido em sua massa, obtido por fundição e laminação contínuas, que apresenta sobre uma ou ambas as faces um desenho impresso. O desenho é formado pela compressão do vidro entre dois rolos metálicos, com marcações que são transferidas ao vidro ainda quente, durante o processo de fabricação.

O vidro impresso tem ampla utilização em eletrodomésticos, móveis, utensílios, decoração e arquitetura de interiores. Também possui importantes aplicações em janelas e fachadas (Fig. 2.5), quando processado adequadamente para uso com segurança, conferindo privacidade, devido à superfície translúcida, sem bloquear o aproveitamento de luz natural. Esse vidro ainda pode ser curvado, pintado a frio, serigrafado, temperado, laminado e insulado.

Fig. 2.5 *Peitoril executado em vidro impresso*

2.3 Vidros processados com tratamento superficial

2.3.1 Acidado

O vidro acidado é levemente opaco e pode ser feito em diversas cores. Seu processo de fabricação consiste no contato com ácidos, artesanal ou industrialmente, e por isso ele recebe esse nome. Quando produzido por meio do sistema industrial, pode ter imagens diferenciadas ou então opacidade total, com ou sem adição de cores. É também muito procurado pelo efeito estético que proporciona à decoração (Fig. 2.6), podendo ser curvado, bisotado ou temperado. Sua vantagem em relação ao vidro jateado é, além da variação de cores, a facilidade de limpeza, pois não fica com nenhuma das superfícies rugosas, evitando a aderência de sujeira ou gordura.

2.3.2 Jateado

É muito adotado em projetos de interiores onde se deseja garantir privacidade por meio de um fechamento translúcido. Seu processo de produção – que antigamente

Fig. 2.6 Divisória e porta executada com vidro acidado
Foto: divulgação Cinex.

Fig. 2.7 Tampo de mesa executado com vidro pintado a frio

era feito com jatos de areia – evoluiu para a utilização de misturas de partículas abrasivas que, aplicadas sobre a superfície do vidro, formam desenhos e garantem maior uniformidade para a peça. O vidro jateado pode ser temperado e laminado, sendo muito empregado dessa forma para compor degraus de escadas e pisos de vidro.

2.3.3 Pintado a frio

O vidro pintado a frio recebe a tinta por meio de aplicação por compressor e pistola e, por não suportar altas temperaturas, não pode ser temperado. Sua principal vantagem é o baixo custo, pois as peças são cortadas na medida exata e pintadas em seguida, sem desperdício de vidro ou de tinta. Muito utilizado na indústria moveleira e de decoração (Fig. 2.7), o processo não exige investimento em máquinas e equipamentos específicos e ainda oferece inúmeras cores a partir de combinações entre as cores primárias. Caso seja necessária a utilização de um vidro temperado e pintado, deve-se temperá-lo antes de aplicar a pintura, ou adotar um vidro serigrafado.

2.3.4 Serigrafado

O vidro serigrafado, também conhecido como pintado a quente, recebe uma pintura com tinta cerâmica e em seguida é submetido ao processo de têmpera. A tinta é fundida ao vidro, conferindo-lhe alta durabilidade e resistência.

As chapas podem ser serigrafadas com uma cor homogênea ou ainda receber uma textura, com figuras geométricas ou imagens de baixa resolução. Posteriormente, esse vidro pode ser curvado, laminado e insulado.

O vidro serigrafado pode ser aplicado em fachadas (Fig. 2.8) e coberturas para controlar a entrada de luz e calor ou proporcionar privacidade. Também é muito utilizado na decoração de interiores, na fabricação de móveis e em divisórias. Cabe mencionar que a serigrafia pode ser realizada em vidros de controle solar.

Fig. 2.8 Vidro de controle solar serigrafado aplicado em fachada

2.4 Vidros beneficiados
2.4.1 Curvo

O vidro *float* comum e o vidro impresso podem ser curvados, com o suporte de um molde, ao serem submetidos a altas temperaturas (em torno de 650 °C). Depois de curvado, o vidro ainda pode ser temperado, laminado e insulado, o que amplia sua gama de aplicações na arquitetura, podendo compor fachadas e guarda-corpos (Fig. 2.9) com diferentes raios de curvatura e formatos. O vidro curvo também é muito utilizado nas indústrias automobilística, de eletrodomésticos e de decoração.

Fig. 2.9 Vidro curvo aplicado em guarda-corpo

2.4.2 Insulado

O vidro insulado é composto por duas ou mais chapas de vidro unidas hermeticamente em suas bordas, com um espaçador metálico e uma câmara de ar entre elas, formando um conjunto unitário produzido sob medida para o local onde será instalado. Também chamado de *unidade insulada* ou, em inglês, *insulated glass unit* (IGU), é a composição mais eficaz para reduzir a transferência de calor por condução através do vidro, pois a câmara de ar atua como isolante térmico. Quando usado em conjunto com vidro de controle solar e com acabamento de baixa emissividade (*low-e*), o vidro insulado pode garantir elevados níveis de isolamento térmico. A NBR 16015 (ABNT, 2012) estabelece as características, os requisitos e os métodos de ensaio do vidro insulado plano utilizado na construção civil.

A câmara de ar entre os vidros é hermeticamente selada e o espaçador metálico é preenchido por um material dessecante, para garantir que não haja umidade e condensação entre os vidros (Fig. 2.10). Essa câmara pode receber um gás nobre, como argônio, criptônio e xenônio, com condutividade térmica mais baixa que a do ar, resultando em maior isolamento térmico para a composição. Normalmente, esses gases não são necessários em climas brasileiros, pois o País não registra temperaturas extremas que requeiram elevados níveis de isolamento térmico nas fachadas. Mas, em outros locais de climas severos, como no norte da Europa e no Canadá, esse recurso é utilizado na produção de janelas de alta resistência térmica. Nessas regiões, não é incomum o uso de vidros triplos ou quádruplos, com duas ou três câmaras de ar, respectivamente, ocasionando isolamento térmico ainda maior.

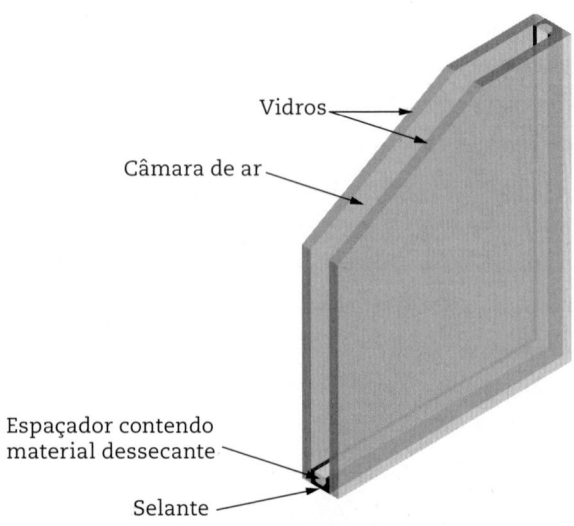

Fig. 2.10 *Corte esquemático de um vidro insulado*

Um vidro insulado pode ser composto por peças temperadas e laminadas, colocadas no lado externo ou interno, com o intuito de evitar a ocorrência de ferimentos quando há o risco de impacto. No caso de vidro laminado insulado, a laminação deve ocorrer na folha de vidro correspondente ao lado em que o impacto é propenso a acontecer. Porém, quando de sua aplicação no peitoril de fachadas em pele de vidro, abaixo da cota de 1,10 m do piso, a NBR 7199 exige o uso de vidros laminados ou aramados na composição insulada, garantindo o fechamento do vão mesmo em caso de quebra das peças, como na situação mostrada na Fig. 2.11.

Fig. 2.11 *Vidro insulado com uma de suas peças de vidro laminado quebrada*

Em coberturas compostas de vidro insulado, recomenda-se a utilização de vidro laminado ou aramado na face interna, com temperado na face externa, mesmo que o risco de impacto venha do exterior. Assim, caso haja a queda de algum objeto sobre a cobertura, o vidro temperado amortece o impacto, podendo até quebrar, e o segundo vidro, laminado ou aramado, garante o fechamento da abertura.

2.4.3 Laminado

O vidro laminado é composto por duas ou mais chapas de vidro *float* unidas permanentemente em conjunto com uma ou mais camadas intermediárias de material plástico – polivinil butiral (PVB), acetato-vinilo de etileno (EVA) ou resina –, num processo conduzido em uma autoclave, sob alta temperatura e pressão. Depois de fabricado, o vidro laminado ainda pode ser cortado, diferentemente do vidro temperado, que não pode ser usinado após o processo de têmpera.

Existem diferentes tipos de vidro laminado. O mais amplamente empregado na construção civil é o composto com uma camada intermediária de PVB e dois vidros *float*. O PVB é um material plástico de alta resistência que pode ser utilizado com uma ou mais camadas na fabricação dos vidros laminados. Também existe o *PVB acústico*, com maior elasticidade, que pode incrementar o isolamento acústico da composição por meio do amortecimento da energia sonora incidente.

Pode-se produzir o vidro laminado a partir de combinações de vidros *float*, temperado, impresso, estirado, aramado polido e aramado impresso, além de policarbonato e acrílico em chapas. O vidro e as camadas intermediárias podem ter uma variedade de cores, revestimento de controle solar e espessura definidos para atender aos padrões e às exigências das normas de segurança. Ao ser quebrado, o vidro laminado mantém seus fragmentos aderidos à camada intermediária e em grande parte intactos, reduzindo o risco de lesões. Pode ser considerado vidro de segurança, desde que atenda aos requisitos da NBR 14697 (ABNT, 2001a), especialmente quando submetido ao ensaio de resistência ao impacto. Essa norma também especifica os métodos de ensaio de durabilidade e os cuidados necessários para garantir a segurança e a durabilidade do vidro laminado em suas aplicações na construção civil e na indústria moveleira.

O uso de vidros laminados de segurança em guarda-corpos (Fig. 2.12) é uma exigência da NBR 7199, que estabelece as aplicações em que vidros de segurança são requeridos. Em geral, a aplicação dos vidros laminados ocorre em situações em que a abertura não pode permanecer desprotegida ou a queda de fragmentos deve ser evitada em caso de quebra, tais como em portas, janelas, pisos, escadas, coberturas, peitoris e guarda-corpos.

Fig. 2.12 *Guarda-corpo em vidro laminado no Shopping Cidade São Paulo. Projeto: Aflalo e Gasperini Arquitetos*

Outras condições com necessidade de resistência elevada também requerem o uso de vidro laminado, como em locais suscetíveis a tornados e furacões, explosões, vandalismo e projéteis de armas de fogo. O vidro temperado pode ser incorporado ao laminado para reforçar a resistência ao impacto. Em locais em que o risco de vandalismo e invasão é relevante, como em lojas, centros comerciais e guaritas de segurança, podem ser utilizados vidros multilaminados ou laminados com PVB de alta resistência – são os chamados vidros antivandalismo ou blindados.

No Brasil, vidros laminados de controle solar são comumente adotados em fachadas de edifícios comerciais. Além disso, o vidro ainda pode ser curvado antes da laminação e da têmpera. A camada de PVB garante outros benefícios para esse sistema, como a redução da transmissão sonora, particularmente nas altas frequências, e a diminuição da radiação ultravioleta em até 99%. Estruturas em vidro autoportante também empregam vidros laminados, por sua elevada resistência à tração. A Fig. 2.13 traz o exemplo de uma escada e seu guarda-corpo construídos com vidro laminado. Nesse caso, o vidro também foi temperado para aumentar sua resistência e atuar como sistema estrutural. O guarda-corpo é constituído por vidro curvo laminado e os degraus da escada, por vidro impresso laminado.

O Cap. 3 apresenta mais informações sobre as aplicações previstas na NBR 7199 onde é requerido o uso do vidro laminado de segurança.

Fig. 2.13 Escada e guarda-corpo executados com vidro laminado em uma Apple Store em Nova York. Projeto: Bohlin Cywinsky Jackson

2.4.4 Temperado

O vidro temperado é quatro vezes mais resistente do que o vidro *float* de mesma espessura. Quando quebrado, ele gera fragmentos relativamente pequenos e com bordas arredondadas, que são menos propensos a causar ferimentos graves. Pode ser classificado como um vidro de segurança, desde que atenda aos requisitos da NBR 14698 (ABNT, 2001b).

O processo típico para produzir vidro temperado envolve o seu aquecimento a mais de 600 °C, seguido por um rápido resfriamento. Esse processo, denominado têmpera, é executado de forma controlada e resulta num estado de compressão nas superfícies do vidro e num estado de tração no seu núcleo. Depois de temperado, ele não pode sofrer cortes ou furos (usinagem), por isso a têmpera é realizada com as peças de vidro já cortadas, furadas e lapidadas nas dimensões finais para aplicação. A NBR 7199 especifica as dimensões mínimas permitidas no processo de laboração dos vidros a serem temperados.

Fig. 2.14 *Fechamento em vidro temperado incolor em estrutura autoportante*

Entre os vidros de segurança, o vidro temperado possui uma vantagem em relação aos demais, pois pode ser aplicado sem a utilização de esquadrias. Esse tipo de aplicação é muito comum em boxes de banheiros, portas e vitrines de lojas. Com o vidro temperado também é possível executar estruturas de fachadas autoportantes (Fig. 2.14), comuns em ambientes com pé-direito elevado, tais como *lobbies* e *halls* de edifícios. Além disso, esse vidro pode alcançar alto nível de desempenho para resistir a altas temperaturas, com aplicações específicas na decoração de interiores, como no fechamento de churrasqueiras, de lareiras e de fogões por indução.

Para garantir bom desempenho térmico, o vidro temperado pode ser produzido a partir de um vidro de controle solar. O vidro ainda pode ser curvado, laminado, serigrafado e insulado.

Os cuidados devem ocorrer principalmente para evitar a quebra por choque durante o transporte e a instalação ou por mau dimensionamento da peça de vidro. Nesses casos, as tensões internas do vidro podem ser afetadas, ocasionando a ruptura da peça mesmo após decorrido muito tempo da sua instalação. Esse fenômeno, conhecido como *quebra espontânea*, na verdade não acontece ao acaso, e sim devido ao choque mecânico provocado especialmente nas bordas das peças de vidro durante o seu transporte ou uso.

O Cap. 3 apresenta mais informações sobre as aplicações previstas na NBR 7199 para o vidro temperado. Por ser muito utilizado em guarda-corpos e boxes para banheiros, cabe ressaltar a observação às normas NBR 14718 (ABNT, 2019a) e NBR 14207 (ABNT, 2009), que tratam dessas aplicações, respectivamente.

2.5 Vidros especiais
2.5.1 Antibacteriano
O vidro antibacteriano recebe a difusão de íons de prata nas suas camadas superiores. Os íons interagem com as bactérias e as destroem em 24 h, desativando seu metabolismo e interrompendo sua divisão mecânica. O efeito bactericida do vidro segue em curso indefinidamente, mesmo em condições de calor e umidade. Pode ser produzido a partir do vidro *float* incolor ou colorido ou de espelhos, sendo aplicado em ambientes com atenção especial à saúde, como hospitais, clínicas e laboratórios. Pode ser utilizado não apenas nas janelas, mas também como material de revestimento de paredes e na composição de divisórias e móveis.

2.5.2 Antirrisco
O vidro antirrisco é produzido a partir da fusão de átomos de carbono em sua superfície, conferindo-lhe maior resistência a arranhões em relação ao vidro *float*. A superfície desse tipo de vidro possui um coeficiente de atrito mais baixo, protegendo-a permanentemente do desgaste normal. É mais utilizado em móveis e decoração.

2.5.3 Autolimpante
Na produção do vidro autolimpante, o vidro *float* recebe uma aplicação de partículas de dióxido de titânio (TiO_2). A camada de cobertura age de duas formas: na quebra das moléculas orgânicas e, em seguida, na eliminação da poeira inorgânica. A quebra das moléculas orgânicas é feita por meio do processo fotocatalítico. Os raios ultravioleta reagem com a cobertura de dióxido de titânio e desintegram as moléculas à base de carbono, eliminando totalmente a poeira orgânica. A segunda parte do processo acontece quando a chuva ou um jato d'água atingem o vidro. Como a superfície do vidro se torna hidrofílica, com boa absorção de água, em vez de formar gotículas como nos vidros normais, a água se espalha igualmente por toda a superfície e, ao escorrer, carrega boa parte da poeira anteriormente depositada (Fig. 2.15). Em comparação com os vidros normais, a água na superfície do vidro autolimpante evapora em menos tempo e não deixa as manchas tradicionais daqueles vidros.

2.5.4 Blindado
O blindado é um vidro multilaminado que protege ambientes e veículos automotores contra disparos de armas de fogo. Cada fabricante desse tipo de vidro pode adotar uma composição específica. Na maioria das vezes, o vidro blindado é fabricado por

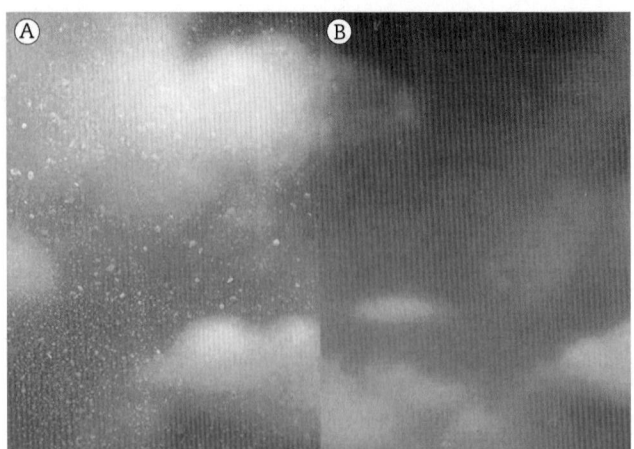

Fig. 2.15 *(A) Vidro incolor comum e (B) vidro com tratamento autolimpante*
Fonte: Saint-Gobain Glass (2000).

meio de um processo de laminação, sob alta temperatura e pressão, utilizando duas ou mais lâminas de vidro intercaladas com camadas de PVB, resina, poliuretano ou policarbonato. Todos os itens são unidos, tornando-se resistentes. São as camadas plásticas entre as lâminas de vidro que amortecem o impacto e aumentam a resistência do material. As espessuras e a quantidade de lâminas variam de acordo com o nível de proteção que se deseja alcançar. Esses níveis seguem uma escala de 1 a 4, com intermediários, e são classificados conforme a NBR 15000 (ABNT, 2020a). O Exército Nacional é o responsável por certificar os fabricantes, por meio de testes, para a produção e a comercialização do vidro blindado.

2.5.5 Fotovoltaico

Pequenas lâminas de células fotovoltaicas compostas com silício, um material semicondutor, são instaladas em vidros simples, laminados ou duplos e dão origem aos vidros fotovoltaicos (Fig. 2.16). Esses vidros absorvem a radiação solar, convertendo-a em eletricidade. Cada painel de vidro pode abrigar diversas células conectadas entre si. Fios instalados no interior dos perfis de alumínio conduzem a energia elétrica de um painel para outro, sucessivamente, até os conversores de frequência ou as baterias de armazenamento. As configurações de células fotovoltaicas são inúmeras, podendo-se

Fig. 2.16 *Vidro fotovoltaico translúcido*

variar a cor, a transparência, a textura, as formas e a eficiência na geração de energia. As células fotovoltaicas podem ser laminadas também em vidros serigrafados.

2.5.6 Resistente ao fogo

As normas nacionais e internacionais sempre contemplam o desempenho de um sistema de envidraçamento resistente ao fogo, incluindo vidro e perfis, e não apenas de um componente. A certificação será sempre do conjunto vidro (aramado, laminado – PVB, EVA ou resina – ou temperado) e esquadria, especificando seus modelos, dimensões, fixação e vedação. Os materiais precisam trabalhar em sinergia para suportar o ataque do fogo, o que só pode ser comprovado por meio de um ensaio destrutivo. A NBR 14925 (ABNT, 2019b) trata de requisitos exigidos para unidades envidraçadas resistentes ao fogo.

No mercado, existem três categorias de vidros resistentes ao fogo:
- *Para-chamas*: impede a passagem de gases tóxicos (fumaça) e chamas, mas não a transmissão de calor por radiação térmica. O elemento não pode se abrir, do contrário possibilita a passagem de gases. Esse tipo de vidro normalmente é aplicado em elementos para contenção de fumaça.
- *Redutor de radiação*: impede a passagem de chamas e gases tóxicos (fumaça) e reduz a passagem de radiação de calor. Mantém um ambiente habitável e evita a ignição de móveis a uma distância de 1,5 m do elemento. Normalmente é aplicado em divisórias, portas, janelas e fachadas.
- *Corta-fogo*: impede a passagem de chamas e gases tóxicos (fumaça) e isola a passagem de radiação de calor através do elemento. Normalmente é aplicado em divisórias, portas, janelas, pisos e fachadas.

2.6 Nomenclatura das faces do vidro

Internacionalmente, convencionou-se uma nomenclatura padrão para identificar as faces de uma composição de vidro, de modo que a informação sobre posicionamento de superfícies de revestimento metálico, serigrafia e laminação possa ser entendida da mesma forma em todas as etapas de fabricação e distribuição do vidro.

As faces são numeradas em ordem crescente, da superfície externa para a superfície interna do vidro. Cada chapa de vidro isoladamente tem suas faces numeradas em sequência, como ilustra a Fig. 2.17. Também por convenção, sempre que se representa um vidro ou esquadria em um desenho na vertical, o lado exterior é colocado à esquerda, e, em um desenho na horizontal, o lado exterior é voltado para baixo.

Na especificação dos vidros, as faces também são chamadas de *posições*. Assim, pode-se dizer que um determinado vidro de controle solar deverá ter o seu revestimento metálico na posição 2, por exemplo. Uma chapa de vidro única, sem laminação ou não insulada, é denominada vidro monolítico.

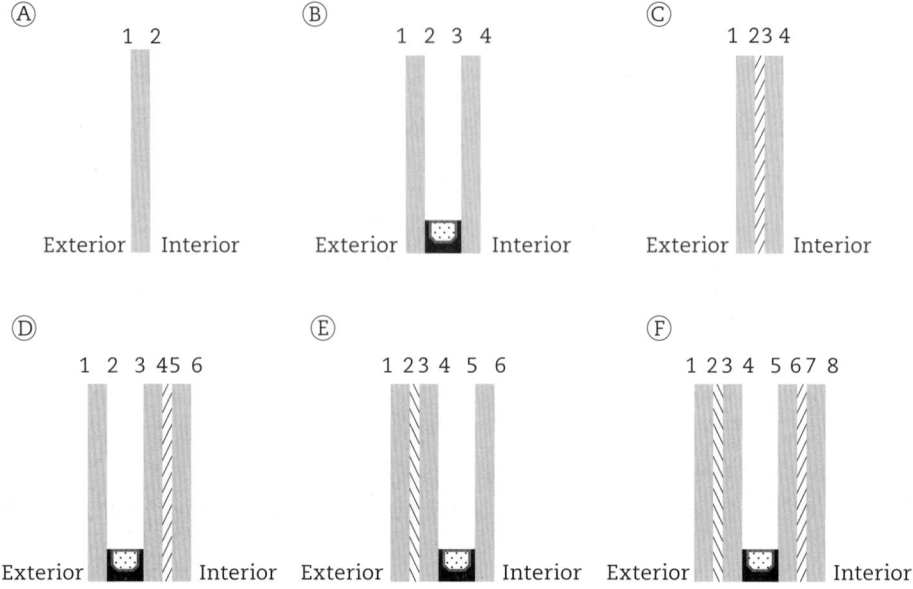

Fig. 2.17 *Nomenclatura das faces de composições de vidro plano: (A) monolítico, (B) insulado, (C) laminado, (D) insulado com interno laminado, (E) insulado com externo laminado e (F) insulado de laminados*
Fonte: adaptado de Guardian (2010).

Cada fabricante adota uma nomenclatura para seus vidros, conforme suas linhas de vidros de segurança, conforto térmico, isolamento acústico etc. O Quadro 2.2 lista exemplos de como podem ser apresentadas as especificações de vidros pelos fabricantes.

Quadro 2.2 Exemplos de especificações de vidros

Especificação da composição	Descrição
XYZ on clear 4 mm ou 4 mm XYZ on clear	Vidro incolor de 4 mm com revestimento de controle solar com nome comercial *XYZ*.
XYZ on green 4 mm #2	Vidro verde de 4 mm com revestimento de controle solar com nome comercial *XYZ* aplicado na face 2.

Quadro 2.2 (continuação)

Especificação da composição	Descrição
XYZ 44.1 (pos. 2)	Vidro laminado composto por duas chapas de 4 mm separadas por uma camada de PVB. A primeira chapa de vidro (externa) é de controle solar, com revestimento com nome comercial XYZ aplicado na face 2, ou seja, contra o PVB.
XYZ #2 on gray 4 mm + 12 ar + clear 4 mm	Vidro insulado composto por um vidro cinza de 4 mm com revestimento de controle solar com nome comercial XYZ aplicado na face 2; seguido por câmara de ar de 12 mm; e um vidro incolor de 4 mm.
4 mm XYZ on clear pos. 2 + 12 ar + 4 mm clear	Vidro insulado composto por um vidro incolor de 4 mm com revestimento de controle solar com nome comercial XYZ aplicado na face 2; seguido por câmara de ar de 12 mm; e um vidro incolor de 4 mm.

2.7 Tratamento de borda

O bom acabamento da borda do vidro é importante para pontos frágeis que possam levar à quebra. Diversos tipos de tratamento de borda podem ser realizados, dependendo da aplicação e do beneficiamento do vidro. O Quadro 2.3 ilustra alguns tipos de borda comuns.

Quadro 2.3 Tipos de acabamento de borda

Acabamento de borda	Descrição	Aplicação
Lapidado	Lapidado reto	Silicone estrutural com borda exposta
Polido	Polido reto	Silicone estrutural com acabamento diferenciado
Lapidado	Meia-cana	Espelhos, vidros decorativos de móveis
Polido	Meia-cana polida	Espelhos, vidros decorativos de móveis
Especificar ângulo (22°, 45° ou 67°) Lapidado	Bizotê lapidado	Silicone estrutural

Quadro 2.3 (continuação)

Acabamento de borda	Descrição	Aplicação
Ângulo de 5° — Polido	Bizotê polido	Espelhos, vidros decorativos de móveis
Corte natural — Filetado	Filetado	Vidros para caixilhos com tratamento térmico

Fonte: adaptado de Guardian (2010).

Para os espelhos, a NBR 15198 (ABNT, 2005) define os diferentes tipos de acabamento de borda aceitáveis e os procedimentos de inspeção das bordas beneficiadas.

Para os vidros temperados, a NBR 14698 estabelece que todo vidro deve ter sua borda trabalhada antes do processo de têmpera. As bordas devem ser no mínimo filetadas, no caso de utilização de bordas protegidas, e lapidadas ou bisotadas, quando forem expostas. A norma também determina os defeitos de borda permissíveis no caso de vidros encaixilhados.

SEGURANÇA 3

Quando um vidro *float* é quebrado, fragmentos grandes podem ser formados, com o risco de causar ferimentos graves. Com o desenvolvimento de vidros de segurança, a reputação de fragilidade do vidro está desaparecendo e a garantia de proteção em áreas onde a segurança é crítica, ou em situações de risco, está sendo frequentemente verificada.

Vidro de segurança é definido como aquele aprovado por testes de impacto, devendo evitar a quebra ou quebrar com segurança, de modo que seus fragmentos não causem ferimentos graves. Atualmente, existem três principais tipos de vidros de segurança no mercado nacional: laminado, temperado e aramado.

A Fig. 3.1 ilustra o padrão de quebra do vidro *float* e de vidros de segurança. Observa-se que o vidro *float* quebra em fragmentos maiores, que se desprendem da peça original. O vidro temperado fragmenta-se em pequenos pedaços, que também se soltam da chapa de vidro original, mas, por terem dimensões reduzidas e pontas arredondadas, praticamente não provocam ferimentos graves. Os vidros aramado e laminado quebram-se em pedaços semelhantes aos do vidro *float*, mas tendem a manter os fragmentos maiores presos ao material intermediário. O vidro laminado, ao ser quebrado, mantém praticamente todos os fragmentos presos à camada intermediária.

O projetista é responsável por especificar todas as áreas de risco onde é necessária a utilização do vidro de segurança, tendo sempre em vista o uso do edifício e o tipo de atividade dos usuários.

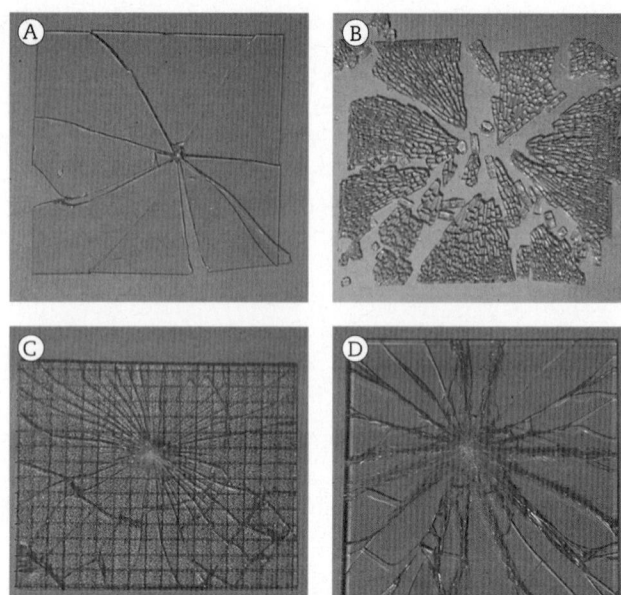

Fig. 3.1 Padrões de quebra de diferentes tipos de vidro: (A) float, (B) temperado, (C) aramado e (D) laminado

A NBR 7199 (ABNT, 2016) define as condições gerais de aplicação do vidro plano em edificações. Em resumo, os requisitos de segurança da norma são determinados com base em dois critérios básicos:

- A *possibilidade de choque com o vidro*: vidros de segurança (aramado, laminado ou temperado) devem ser utilizados em áreas de risco quando existe o perigo de choque humano com o vidro ou de ferimentos causados por sua quebra. Esses locais geralmente são portas, divisórias, guarda-corpos que protegem ambientes com pequenas diferenças de nível e janelas com pequenas dimensões que se projetam para o exterior do edifício (maxi-ar).
- A *possibilidade de choque com risco de queda de pessoas ou de estilhaços do vidro quebrado através do vão*: onde há o risco de queda de pessoas ou de estilhaços a elevada altura devido à abertura do vão do vidro quebrado, é exigido vidro aramado ou laminado. Essas situações incluem peitoris, fachadas em pele de vidro, guarda-corpos, claraboias e janelas com grandes dimensões que se projetam para o exterior do edifício (maxi-ar).

O projetista deve dar atenção especial a essa norma na hora de especificar o tipo de vidro de segurança necessário em determinados usos. Uma revisão completa do projeto segundo os requisitos desse documento é fundamental antes de solicitar os vidros para a obra, evitando sua instalação em condições de risco à segurança.

A Fig. 3.2 apresenta esquematicamente os locais em que são exigidos vidros de segurança em divisórias, portas e janelas segundo a NBR 7199, que estabelece a necessidade desses vidros quando instalados até a cota de 1,10 m do piso. A figura ilustra essas situações, representadas pelas áreas hachuradas à esquerda da porta e na parte inferior dela. Se um vidro cruza essa linha de cota, necessariamente deve ser um vidro de segurança, como nas situações ilustradas ao lado direito da porta e na bandeira inferior da janela projetante. As janelas de correr, instaladas acima dessa cota, estão livres da exigência de vidros de segurança. As janelas projetantes, como maxi-ar, deverão ter vidros de segurança sempre que o vidro não for inteiramente encaixilhado ou tiver área superior a 0,64 m², ou, a partir do primeiro pavimento, quando a abertura da janela ultrapassar em 0,25 m a borda do edifício.

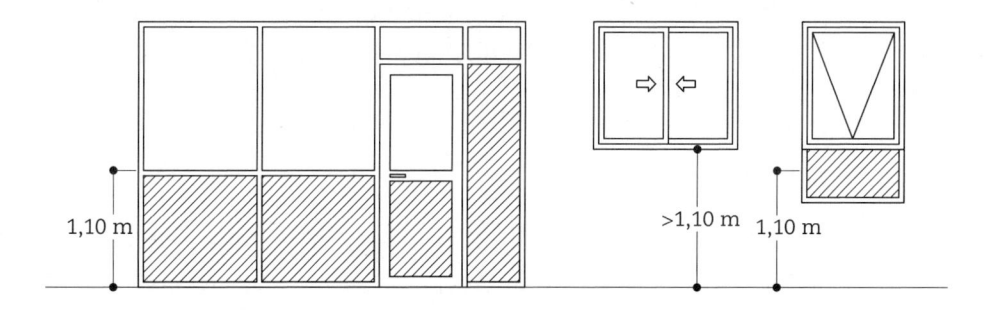

Fig. 3.2 *Situações em que são requeridos vidros de segurança (áreas hachuradas) em divisórias, portas e janelas segundo a NBR 7199*

O vidro de segurança também pode ser utilizado com a finalidade de proteger a propriedade contra ações de roubo e vandalismo. Para esse fim são normalmente empregados vidros laminados em guaritas de segurança, vitrines de lojas e bancos. Nesses casos, os vidros devem permanecer no fechamento mesmo quando quebrados, impedindo que o indivíduo tenha acesso ao ambiente interno. Vidros de segurança são igualmente adotados, em ampla escala, como proteção contra fogo e explosões, sendo aplicados em locais específicos, como escadas corta-fogo.

A Fig. 3.3 exibe, de maneira geral, as aplicações em que são exigidos vidros de segurança em uma edificação segundo a NBR 7199.

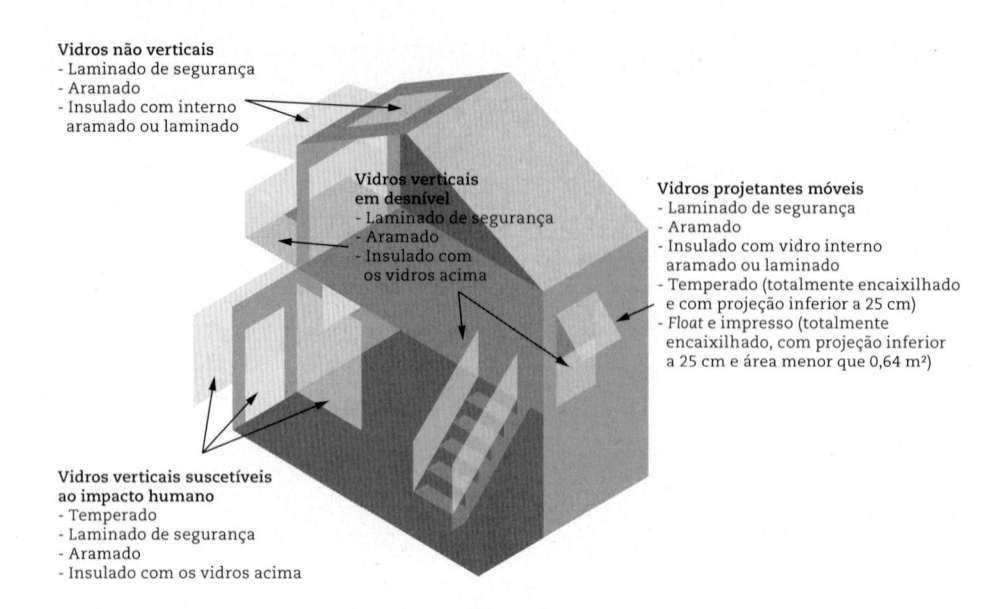

Vidros não verticais
- Laminado de segurança
- Aramado
- Insulado com interno aramado ou laminado

Vidros verticais em desnível
- Laminado de segurança
- Aramado
- Insulado com os vidros acima

Vidros projetantes móveis
- Laminado de segurança
- Aramado
- Insulado com vidro interno aramado ou laminado
- Temperado (totalmente encaixilhado e com projeção inferior a 25 cm)
- *Float* e impresso (totalmente encaixilhado, com projeção inferior a 25 cm e área menor que 0,64 m²)

Vidros verticais suscetíveis ao impacto humano
- Temperado
- Laminado de segurança
- Aramado
- Insulado com os vidros acima

Fig. 3.3 *Aplicações em que são exigidos vidros de segurança segundo a NBR 7199*

DESEMPENHO TÉRMICO 4

A transferência de calor através de um vidro pode ser dividida em duas partes: a parcela de ganho de calor por radiação solar (expressão à esquerda da adição na Eq. 4.1) e a parcela de troca de calor por condução através do vidro devida à diferença de temperatura entre o ambiente externo e o interno (expressão à direita da adição na Eq. 4.1).

$$Q = FS \cdot A \cdot E_t + U \cdot A \cdot \Delta t \qquad (4.1)$$

em que:
Q é a transferência de calor através do vidro, em watts (W);
FS é o fator solar do vidro, adimensional;
A é a área do vidro, em metros quadrados (m²);
E_t é a irradiação total incidente, em watts por metro quadrado (W/m²);
U é a transmitância térmica do vidro, em watts por metro quadrado kelvin (W/m² · K);
Δt é a diferença de temperatura entre o ambiente externo e interno, em kelvin (K).

O tipo de vidro e de composição – se insulado ou não – e suas propriedades ópticas influem diretamente na quantidade de ganho ou perda de calor. Como as condições climáticas de radiação solar e temperatura variam ao longo do dia e do ano, a influência do vidro nas condições térmicas internas da edificação também muda no decorrer do tempo. Geralmente, para os climas brasileiros, a influência da radiação solar é muito mais significativa que a do ganho de calor por diferença de temperatura.

Este capítulo apresenta as principais propriedades físicas que permitem avaliar a influência dos fechamentos envidraçados no desempenho térmico das edificações, iniciando pela análise do ganho de calor solar, passando pela listagem das propriedades ópticas do vidro e pela descrição do índice de seletividade e finalizando com o estudo de transferência de calor por condução e o conceito de efeito estufa em edificações.

4.1 Ganho de calor solar

A radiação solar atinge a superfície da Terra por meio de ondas eletromagnéticas de diferentes magnitudes. Essas ondas são classificadas em três tipos de energia, de acordo com as faixas de comprimento de onda. O gráfico da Fig. 4.1 representa o espectro da radiação solar, com destaque para os três tipos de radiação: ultravioleta, que equivale a 3% do total; visível ou luminosa, que contribui com 42%; e infravermelha, que representa 55% da energia e corresponde apenas a calor. Cada faixa de comprimento de onda traz consigo uma quantidade de energia, expressa no eixo y do gráfico em watts por metro quadrado nanômetro de comprimento de onda (W/m² · nm). Essa energia, denominada irradiância, representa o ganho de calor por metro quadrado de superfície terrestre. Observa-se que a onda de maior intensidade energética ocorre no espectro da luz visível. Integrando toda a intensidade por comprimento de onda, obtém-se a irradiância total que incide na superfície terrestre ao nível do mar, 1.380 W/m².

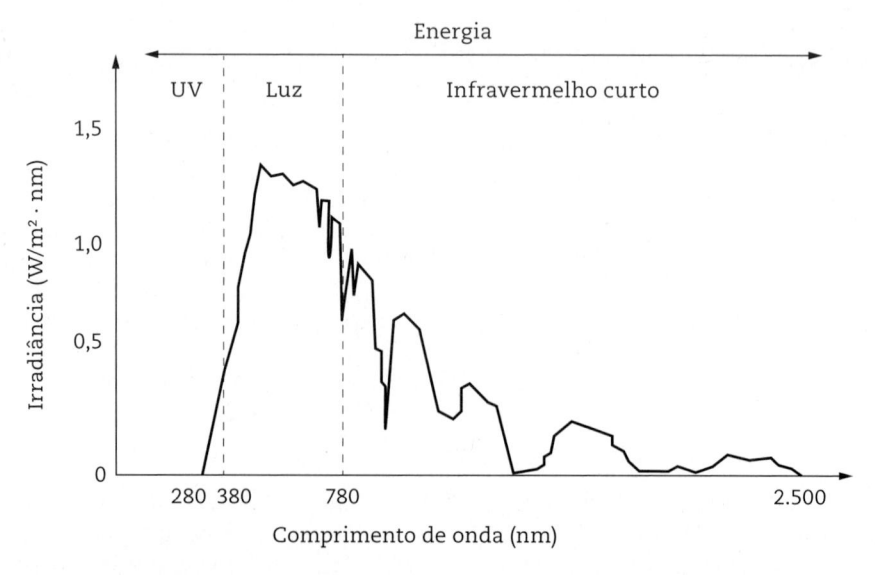

Fig. 4.1 *Espectro da radiação solar*
Fonte: ABNT (2020b).

A parcela de radiação ultravioleta é a responsável pela realização da fotossíntese nas plantas e pela produção de vitamina D nos animais, incluindo os seres humanos. No entanto, a exposição em excesso a ela pode provocar queimaduras de pele e a degradação de materiais, resultando no desbotamento e no ressecamento de móveis, tecidos e equipamentos que ficam expostos ao sol nas edificações. Já a radiação visível corresponde à luz emitida pela radiação solar. É a energia em forma de ondas eletromagnéticas capaz de estimular o sistema humano olho-cérebro, produzindo diretamente uma sensação visual. Por sua vez, a parcela de radiação infravermelha produz apenas a sensação de calor. Mas, ao atingir uma superfície, toda essa energia, ultravioleta, visível e infravermelha, é convertida em calor depois de absorvida pelos seres humanos e pelos materiais ao redor.

A forma como o vidro se comporta perante cada uma dessas parcelas tem importância significativa no desempenho térmico das edificações. Por meio dos vidros de controle solar e de outras formas de beneficiamento, como serigrafia, laminação e adição de câmaras de ar, é possível alterar as propriedades térmicas das composições de vidro.

A NBR ISO 9050 (ABNT, 2022) especifica os métodos para determinar a transmissão e a reflexão de luz e calor da radiação solar através dos vidros. A energia da radiação solar incidente no vidro é decomposta em três partes: uma parcela é transmitida diretamente através do vidro (τ_e); outra parte é refletida de volta para o ambiente externo (ρ_e); e uma parcela é absorvida pela massa do vidro (α_e). A relação entre elas é dada por:

$$\tau_e + \rho_e + \alpha_e = 1 \qquad (4.2)$$

em que:
τ_e é a transmissão solar direta, adimensional;
ρ_e é a reflexão solar direta, adimensional;
α_e é a absorção solar direta, adimensional.

Da parcela absorvida, uma fração é emitida para o interior do ambiente e denominada fator secundário de transferência de calor para o interior (q_i) e a fração restante é emitida para o exterior e conhecida como fator secundário emitido para o ambiente externo (q_e).

O fator solar, ou *solar heat gain coefficient* (SHGC), representado pela letra *g* na nomenclatura internacional ou pela sigla FS no Brasil, é a transmissão total de energia solar que atravessa o vidro. Corresponde à soma da radiação solar transmitida diretamente através do vidro (τ_e) com o fator secundário de transferência de calor para o interior (q_i), conforme ilustrado na Fig. 4.2 e expresso a seguir:

$$g = \tau_e + q_i \tag{4.3}$$

em que:
g é o fator solar do vidro, adimensional;
τ_e é a transmissão solar direta, adimensional;
q_i é o fator secundário de transferência de calor para o interior, adimensional.

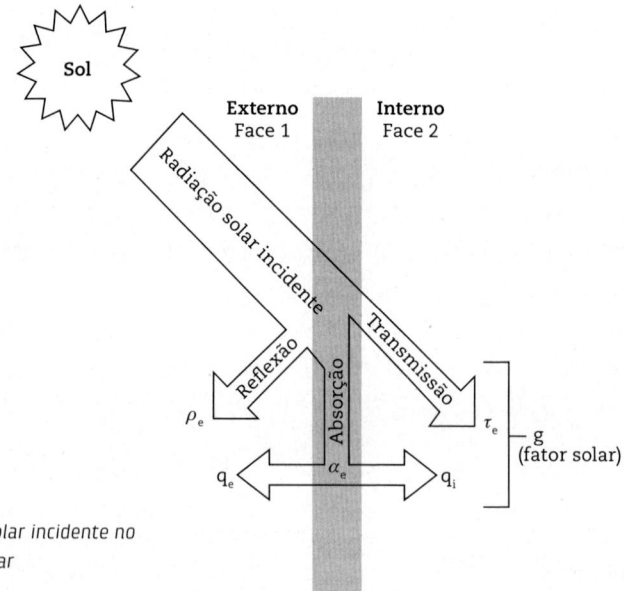

Fig. 4.2 Distribuição da radiação solar incidente no vidro e representação do fator solar
Fonte: ABNT (2022).

Para um vidro monolítico ou laminado, o cálculo de q_i é determinado por:

$$q_i = \alpha_e \frac{h_i}{h_e + h_i} \tag{4.4}$$

em que:
α_e é a absorção solar direta, adimensional;
h_i e h_e são os coeficientes de transferência de calor para o interior e o exterior, respectivamente, em watts por metro quadrado kelvin (W/m² · K).

Os coeficientes de transferência de calor para os ambientes externo e interno dependem da posição do vidro (se está na vertical, na horizontal ou inclinado), da velocidade do vento próximo ao vidro e da emissividade da superfície do vidro em contato com o ar. Para efeito de comparação entre vidros sob mesmas condições de aplicação, a NBR ISO 9050 adota o valor de h_e igual a 23 W/m² · K, considerando vidros na posição vertical, com superfície com emissividade de 0,837 e velocidade do vento de aproximadamente 4 m/s. O valor de h_i pode ser calculado conforme a equação a seguir, pois na superfície interna é possível que o vidro tenha uma emissividade diferente, como é o caso de determinados revestimentos de controle solar.

$$h_i = \left(3,6 + \frac{4,4\varepsilon_i}{0,837}\right) \tag{4.5}$$

em que:

ε_i é a emissividade da superfície interna, adimensional.

Para o vidro *float* comum, com emissividade de 0,837 também na face interna, a equação resulta em h_i igual a 8 W/m² · K.

Como a temperatura superficial dos lados interno e externo do vidro influencia o calor irradiado, o fator solar varia ao longo do dia e do ano. Porém, valores de referência medidos em laboratório, sob condições padrão, servem como um bom indicador para análise comparativa e preliminar visando a escolha de vidros. Além das equações anteriores, aplicáveis a vidros monolíticos e laminados, a NBR ISO 9050 apresenta as equações de cálculo a serem utilizadas na obtenção dos coeficientes para vidros insulados duplos e triplos.

A Tab. 4.1 exibe valores de fator solar para vidros *float* incolores e coloridos de determinadas espessuras. Um vidro incolor de 3 mm de espessura possui fator solar de 0,87. Isso significa que 87% da radiação solar incidente no vidro o atravessam na forma de calor. Um vidro verde de mesma espessura tem fator solar de 0,62, ou seja, há uma redução de um terço no ganho de calor em relação ao vidro incolor. Os valores para cada tipo de produto específico podem apresentar pequenas variações de um fabricante para outro, mas de modo geral é possível perceber a modificação do ganho de calor em função da cor do vidro. Também existe uma variação do fator solar com a espessura do vidro, pois, quanto mais massa de vidro houver no caminho da radiação solar, menor será o ganho de calor. Entretanto, em projeto de edificações a espessura do vidro é definida prioritariamente por outros parâmetros, como resistência mecânica e segurança, e não por desempenho térmico.

Tab. 4.1 Exemplos de fator solar de vidros *float*

Vidro	Fator solar
Incolor 3 mm	0,87
Incolor 6 mm	0,82
Verde 3 mm	0,62
Verde 6 mm	0,59
Bronze 3 mm	0,73
Bronze 6 mm	0,63
Cinza 3 mm	0,70
Cinza 6 mm	0,60
De controle solar	0,18 a 0,70

No caso dos vidros de controle solar, o fator solar depende do tipo de revestimento aplicado, além da cor da massa do vidro-base e de sua espessura. A gama de fatores solares desses vidros é ampla, podendo-se encontrar produtos com valores abaixo de 0,20. Esse tipo de vidro será tratado em detalhes no Cap. 6.

Outro termo utilizado para representar o ganho de calor solar é o coeficiente de sombra (CS), ou *shading coefficient* (SC). Muitos profissionais da área de climatização e ar-condicionado utilizam esse coeficiente para representar o ganho de calor dos vidros nos cálculos de carga térmica, pois os primeiros métodos e programas de cálculo o adotavam nas suas equações. O coeficiente de sombra é a relação entre o fator solar do vidro em análise e o fator solar do vidro de referência, adotado como o vidro incolor de 3 mm, que corresponde ao maior ganho de calor solar de um vidro que poderia ser utilizado em uma edificação. Essa relação pode ser escrita na forma:

$$CS = \frac{g}{0,87} \qquad (4.6)$$

em que:
CS é o coeficiente de sombra, adimensional;
g é o fator solar do vidro, adimensional;
0,87 é o fator solar padrão do vidro *float* incolor de 3 mm.

Ao optar por projetos com grandes áreas envidraçadas nas fachadas e coberturas, deve-se buscar vidros com baixo fator solar, minimizando os problemas de sobreaquecimento dos ambientes internos. Em regiões tropicais, as fachadas voltadas a leste, oeste e norte são as que recebem maior intensidade de radiação solar ao longo do ano e, por isso, merecem atenção especial na especificação dos fechamentos transparentes. A fachada norte recebe maior incidência de radiação direta no inverno, quando o sol apresenta altitudes mais baixas e quando a temperatura do ar externo também é mais amena. Nesse caso, o calor do sol pode ser aproveitado como estratégia de aquecimento passivo. Entretanto, é importante balancear esse ganho com a necessidade de sombreamento no verão.

Como exemplo, os gráficos da Fig. 4.3 mostram a radiação solar total incidente em dias típicos mensais de céu claro nas fachadas norte e leste na latitude 24° Sul, correspondente à região da cidade de São Paulo. É possível perceber que na fachada norte o pico mensal de radiação solar varia aproximadamente entre 150 W/m² e 850 W/m², do verão ao inverno, respectivamente. Na fachada leste, essa variação fica em torno de 650 W/m² a 800 W/m², ou seja, a intensidade do sol nessa orientação é alta o ano inteiro, motivo pelo qual deve receber atenção especial.

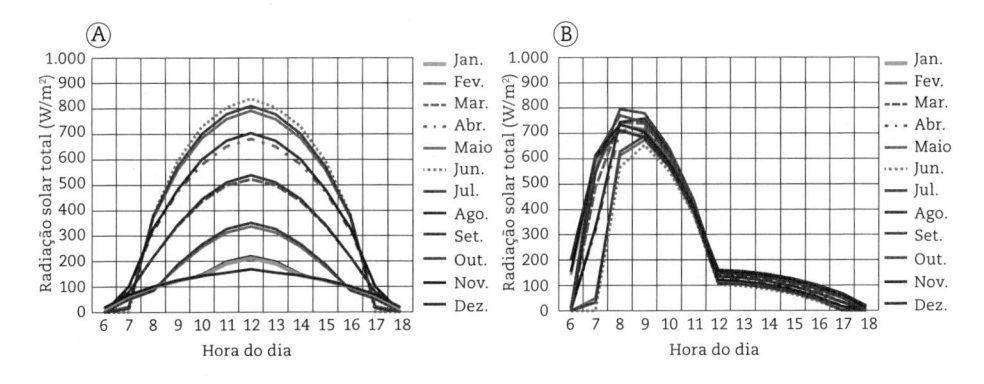

Fig. 4.3 *Radiação solar total incidente em um dia típico de céu claro de cada mês na latitude 24° Sul: (A) fachada norte e (B) fachada leste*

De forma geral, em climas quentes deve-se optar por vidros com baixo fator solar, menor do que 0,40, quando a área envidraçada representa mais de 30% da área de fachada. A Tab. 4.2 apresenta o ganho de calor solar por área de fachada considerando a incidência de radiação solar total de 700 W/m² e três diferentes tipos de vidro. Quanto menores forem o percentual de área de vidro e o fator solar, mais baixo será o ganho de calor. As células em destaque mostram que uma fachada com 30% de área de vidro com fator solar de 0,82 resulta em 172 W/m² de ganho de calor solar naquela situação. Com o segundo vidro, de fator solar igual a 0,62, é possível ampliar a área de envidraçamento para 40% obtendo-se praticamente o mesmo ganho de calor (174 W/m²). Por fim, com o vidro com fator solar de 0,42 pode-se chegar a 60% de área de janela mantendo um ganho de calor equivalente ao das duas situações anteriores.

Tab. 4.2 Ganho de calor solar por área de vidro em uma fachada que recebe 700 W/m² em diferentes configurações de percentuais de envidraçamento e fator solar do vidro

Percentual de envidraçamento na fachada	Ganho de calor solar total (W/m²)		
	g = 0,82	g = 0,62	g = 0,42
60%	344	260	176
50%	287	217	147
40%	230	174	118
30%	172	130	88

A tabela demonstra o potencial de redução de ganho de calor com vidros mais eficientes e a possibilidade de ampliação de área envidraçada sem comprometer a carga térmica e o consumo de energia em climatização do edifício.

Dependendo da área envidraçada, o ganho de calor por radiação solar pode ser significativo, exigindo, em alguns casos, o uso de elementos de sombreamento externos ou internos, como os mostrados na Fig. 4.4. Nesse exemplo, os *brises* e as persianas servem como dispositivos de controle de calor e luz, evitando também os problemas de ofuscamento nos ambientes internos.

Fig. 4.4 Fachada executada com vidro insulado de controle solar e elementos de proteção solar externos (brises) e internos (persianas) em Darling Quarter, Sydney, Austrália. Projeto: FJMT Studio

4.2 Propriedades ópticas

O Quadro 4.1 lista as propriedades ópticas utilizadas para representar o desempenho térmico e lumínico dos vidros planos, conforme citadas na NBR 16023, que trata dos vidros revestidos de controle solar, e suas equivalências citadas na NBR ISO 9050, que trata das propriedades relacionadas aos vidros planos em geral. Alguns indicadores dessa lista podem guiar a seleção preliminar do vidro, antes de efetuar um cálculo mais aprofundado por simulação computacional:

- fator solar, que indica o ganho de calor proveniente da radiação solar que incide no vidro;
- transmissão luminosa, que representa o quão transparente é o vidro;
- reflexão luminosa externa, que indica o quão espelhado é o vidro durante o dia, quando visto de fora da edificação;
- reflexão luminosa interna, que indica o quão espelhado é o vidro durante a noite, quando visto de dentro da edificação.

Quadro 4.1 Propriedades ópticas dos vidros planos

	NBR 16023 (ABNT, 2020b)		NBR ISO 9050 (ABNT, 2022)	
	Propriedade	Sigla	Propriedade	Sigla
Propriedades térmicas	Transmissão energética	TE	Transmissão solar direta	τ_e
	Absorção energética	Abs	Absorção solar direta	α_e
	Reflexão de energia externa	RE_e	Reflexão solar direta externa	ρ_e
	Reflexão de energia interna	RE_i	Reflexão solar direta interna	ρ_i
	Fator solar	FS	Transmissão total de energia solar	g
	Emissividade externa	ε_e	Emissividade externa	ε_e
	Emissividade interna	ε_i	Emissividade interna	ε_i
Propriedades luminosas	Transmissão luminosa	TL	Transmissão luminosa	τ_v
	Absorção luminosa	Abs	(não é citada na norma)	-
	Reflexão luminosa externa	RL_e	Reflexão luminosa externa	$\rho_{v,o}$
	Reflexão luminosa interna	RL_i	Reflexão luminosa interna	$\rho_{v,i}$

Os Caps. 5 e 6 trazem mais informações sobre a aplicação dessas propriedades para a seleção adequada dos vidros para edificações, especialmente vidros de controle solar. Dependendo da fonte bibliográfica, a nomenclatura das propriedades pode variar. Mesmo as normas da ABNT que tratam dessas propriedades possuem terminologias diferentes, como visto no Quadro 4.1.

O Apêndice A traz uma tabela com as propriedades ópticas de mais de cem vidros de controle solar disponíveis no mercado brasileiro.

4.3 Índice de seletividade

De forma simplificada, pode-se afirmar que os vidros mais escuros têm fator solar mais baixo, porque há menor transmissão de radiação solar para o interior do ambiente. No entanto, um vidro mais escuro tende a ficar mais quente quando exposto ao sol. Isso pode causar desconforto por assimetria de radiação, ou seja, o vidro aquecido irradia muito calor para o interior do ambiente, que na maioria das vezes está climatizado a temperaturas bem inferiores à do vidro. Esse problema é muito comum em galpões com coberturas sem isolamento térmico ou em edifícios com fachadas com vidro de baixo desempenho térmico.

Os vidros mais escuros possuem baixa transmissão luminosa, diminuindo o potencial de aproveitamento da luz natural. Os vidros mais espelhados também apresentam fator solar mais baixo e, da mesma forma, oferecem menor transmissão luminosa. Muitas especificações de vidro de controle solar podem quebrar essa regra, resultando em produtos que transmitem mais luz do que calor. Isso significa que é possível ter um vidro claro com baixo ganho de calor do sol.

A especificação mais difícil de ser estabelecida, e talvez a mais adequada para edificações em climas quentes, é justamente aquela com boa transmissão luminosa e baixo fator solar. A relação entre essas duas variáveis é definida como índice de seletividade (IS), conforme:

$$IS = \frac{TL}{g} \tag{4.7}$$

em que:
IS é o índice de seletividade, adimensional;
TL é a transmissão luminosa, adimensional;
g é o fator solar do vidro, adimensional.

Quanto maior é o índice de seletividade, mais eficiente é o vidro como fonte de aproveitamento de luz natural. O nome desse índice está atrelado à capacidade do vidro em selecionar o espectro da radiação solar que irá atravessá-lo. Por isso, o vidro de controle solar é tratado também como *selective glazing system* em inglês, cuja tradução literal corresponde a "sistema de envidraçamento seletivo".

A Tab. 4.3 apresenta a transmissão luminosa, o fator solar e o índice de seletividade do vidro incolor de 6 mm, comparado ao vidro verde e a outros quatro vidros de controle solar. Observa-se que os dois primeiros vidros de controle solar, embora com mesmo fator solar (0,34), apresentam valores de transmissão luminosa diferentes. O primeiro vidro possui IS de 1,00 e o segundo, IS de 1,22, o que significa que este último permite a admissão de 22% mais luz do que calor. Isso é possível devido ao tipo de revestimento para controle solar. O quarto vidro de controle solar é o mais seletivo dessa lista, com um índice de 1,70, ou seja, admite 70% mais energia luminosa do que calor. O máximo valor teórico do índice de seletividade é próximo de 2,40, pois a luz representa 42% da energia do espectro da radiação solar, que também se transforma em calor (IS máximo = 1/0,42 = 2,38). Em geral, é possível incrementar o índice de seletividade dos vidros de controle solar com mais prata na composição do revestimento metálico e com o uso de vidros insulados, que permitem reduzir o fator solar sem comprometer significativamente a transmissão luminosa.

Tab. 4.3 Transmissão luminosa, fator solar e índice de seletividade de alguns exemplos de vidro

Vidro	Transmissão luminosa	Fator solar	Índice de seletividade
Incolor 6 mm	0,88	0,84	1,05
Verde 6 mm	0,75	0,65	1,15
De controle solar nº 1	0,34	0,34	1,00
De controle solar nº 2	0,41	0,34	1,22
De controle solar nº 3	0,48	0,33	1,46
De controle solar nº 4	0,54	0,32	1,70

4.4 Transferência de calor por diferença de temperatura

A segunda parcela de transferência de calor através de um vidro ocorre por diferença de temperatura, sendo governada pela transmitância térmica.

A transmitância térmica é um parâmetro físico que representa o quanto de calor atravessa 1 m² de um componente construtivo quando submetido a uma diferença de temperatura. É medida em watts por metro quadrado kelvin (W/m² · K) e depende da condutividade térmica dos materiais construtivos, de suas espessuras, das dimensões da superfície, das condições de acabamento superficial e da velocidade do ar incidente no componente. Usualmente, é determinada sob condições padrão de laboratório e, apesar de sofrer variação ao longo do dia e do ano, serve como parâmetro de referência para a escolha entre diferentes tipos de componentes construtivos.

No caso dos vidros, como a condutividade é a mesma para os diferentes tipos, sejam beneficiados ou não, e como as espessuras de chapa são sempre muito pequenas (da ordem de milímetros), o valor da transmitância térmica só apresenta alterações significativas se o vidro possuir uma face com revestimento metálico de baixa emissividade ou câmara de ar na composição (vidro insulado).

Segundo a norma europeia EN 673 (CEN, 2011), o cálculo da transmitância térmica de um vidro monolítico é dado por:

$$U = \cfrac{1}{\cfrac{1}{h_0} + \cfrac{1}{h_t} + \cfrac{1}{h_i}} \qquad (4.8)$$

em que:
U é a transmitância térmica do vidro, em watts por metro quadrado kelvin (W/m² · K);
h_o e h_i são os coeficientes de transferência de calor externo e interno, respectivamente, em watts por metro quadrado kelvin (W/m² · K);
h_t é a condutância térmica total do vidro, em watts por metro quadrado kelvin (W/m² · K), calculada por:

$$\frac{1}{h_t} = \sum_1^N \frac{1}{h_s} + \sum_1^M d_j \cdot r_j \qquad (4.9)$$

em que:
h_s é a condutância da câmara de ar, em watts por metro quadrado kelvin (W/m² · K);
d_j é a espessura de cada camada de material (vidro ou PVB), em metros (m);
r_j é a resistividade térmica de cada material, em metros kelvin por watt, que no caso do vidro é igual a 1,0 m · K/W.

Aplicando-se as Eqs. 4.8 e 4.9 para vidros monolíticos ou laminados, observa-se que a transmitância térmica resulta em pouca variação em função da espessura. Um vidro *float* monolítico de 3 mm de espessura tem transmitância de 5,8 W/m² · K e um vidro análogo de 19 mm de espessura, transmitância de 5,3 W/m² · K. Essa redução de 0,5 na transmitância térmica tem pouco efeito no desempenho térmico de uma janela em climas brasileiros, mas pode ser importante em climas mais severos.

Os vidros de controle solar possuem uma de suas superfícies com revestimento metálico, que pode ter uma emissividade menor que a do vidro comum. Dessa forma, o fluxo de calor por radiação entre o vidro e o seu entorno imediato é alterado, resultando em diferentes valores de transmitância térmica quando comparados ao de um vidro sem revestimento. No entanto, se o vidro de controle solar é laminado, mantendo-se a superfície metalizada em contato com o material intermediário (PVB, EVA ou resina), a emissividade superficial da composição laminada permanece inalterada e a transmitância térmica não é afetada pelo revestimento de controle solar, mas sim pela espessura total da composição laminada.

A emissividade (ε) é uma propriedade física relacionada ao acabamento superficial de um material e representa o quanto de calor por radiação ele emite quando comparado à quantidade de calor emitida por um corpo negro – elemento produzido em laboratório que emite 99% da radiação térmica que absorve – à mesma temperatura. Trata-se de um conceito complexo, mas, em termos práticos, constata-se que os materiais de construção em geral, incluindo o vidro *float*, possuem alta emissividade, entre 0,8 e 0,9. Por sua vez, os materiais com acabamento em metal polido exibem baixa emissividade, com valores abaixo de 0,2.

Materiais com alta emissividade emitem mais calor por radiação e, portanto, esfriam mais rápido. Já os materiais com baixa emissividade têm maior dificuldade para emissão de calor e mantêm sua temperatura alta por mais tempo, provocando menos desconforto térmico por radiação nas suas proximidades.

Pensando no caso dos vidros, qualquer especificação que não tenha revestimento metálico em uma de suas faces apresentará emissividade próxima a 0,84. Vidros de controle solar podem ter a face com revestimento metálico com emissividade abaixo desse valor. Alguns vidros possuem emissividade inferior a 0,20 e são classificados como *low-e* (*low emissivity*). Dependendo da posição da superfície *low-e*, o vidro pode contribuir para reduzir o ganho de calor solar num clima quente ou evitar a perda de calor da edificação num clima frio.

A câmara de ar dos vidros insulados representa uma camada adicional de resistência térmica que reduz significativamente a transmitância térmica da composição. Em climas com temperaturas mais extremas, pode-se produzir vidros insulados com outro tipo de gás que tenha condutividade ainda mais baixa que a do ar, como argônio, criptônio e xenônio. Além disso, vidros *low-e* com a superfície de baixa emissividade exposta para a câmara de ar resultam em maior isolamento térmico para a composição insulada. Por exemplo, um vidro de controle solar *low-e* na face 2, se instalado numa composição insulada, proporcionará menor ganho de calor por radiação do exterior para o interior da câmara de ar. Pensando num clima onde ocorram temperaturas elevadas em grande parte do ano, a dificuldade de troca de calor proporcionada por um vidro insulado *low-e* pode ser muito benéfica. O mesmo raciocínio aplica-se para climas onde haja grande quantidade de horas com temperaturas muito baixas. Nesse caso, basta imaginar a composição insulada montada ao contrário, ou seja, com a superfície *low-e* aplicada na posição 3. Nesse caso, há uma dificuldade de perda de calor do interior para o exterior. Essa é a composição comum encontrada nas janelas da Europa e de grande parte dos Estados Unidos, por exemplo.

A Tab. 4.4 apresenta valores de transmitância térmica de vidros monolíticos comuns e especificações de vidros de controle solar, laminados e insulados. Nota-se que os vidros monolíticos e laminados sem revestimento metálico exposto ao ambiente possuem valores de transmitância muito semelhantes. O vidro *low-e*, quando laminado com sua face revestida contra o PVB, perde a capacidade de baixa emissão de calor, atuando como um vidro comum nesse quesito. A grande variação ocorre quando há um revestimento metálico de baixa emissividade exposto ao ambiente interno ou à câmara de ar na composição. No primeiro caso, a superfície de baixa emissividade contribui para reduzir a emissão de calor para o ambiente interno, diminuindo a transmitância térmica do vidro. No segundo caso, a câmara de ar acrescenta uma resistência térmica adicional de forma significativa.

Tab. 4.4 Valores de transmitância térmica de vidros monolíticos, de controle solar, laminados e insulados

Tipo de vidro	Transmitância térmica (W/m² · K)
Incolor comum 3 mm – monolítico	5,8
Incolor comum 6 mm – monolítico	5,7
Incolor comum 8 mm – monolítico	5,6
Incolor comum 12 mm – monolítico	5,5
Incolor 8 mm com revestimento de controle solar na face 2 com ε = 0,13	3,6
Incolor 4 mm com revestimento de controle solar na face 2 com ε = 0,13 laminado com incolor 4 mm	5,6
Insulado composto por incolor comum 6 mm, câmara de ar de 12 mm e incolor comum 6 mm	2,8
Insulado composto por incolor 6 mm com revestimento de controle solar na face 2 com ε = 0,13, câmara de ar de 12 mm e incolor comum 6 mm	1,9

Fonte: LBNL (2022).

Quando instalado numa edificação, o vidro certamente estará sujeito à incidência de radiação solar e muitas vezes submetido a diferenças de temperatura entre um ambiente e outro. A radiação solar sempre representa um ganho de calor. No entanto, o fluxo de calor por diferença de temperatura pode gerar ganho ou perda de calor, dependendo de qual ambiente está mais quente – se o interno ou o externo.

A Fig. 4.5 ilustra o ganho de calor por radiação solar e duas situações de fluxo de calor por condução. Na situação A o ambiente interno está mais frio do que o externo. Nesse caso, além do ganho de calor por radiação solar, ocorre o ganho por condução através do vidro. Na situação B acontece a perda de calor por condução através do vidro, pois o ambiente interno está mais quente do que o externo.

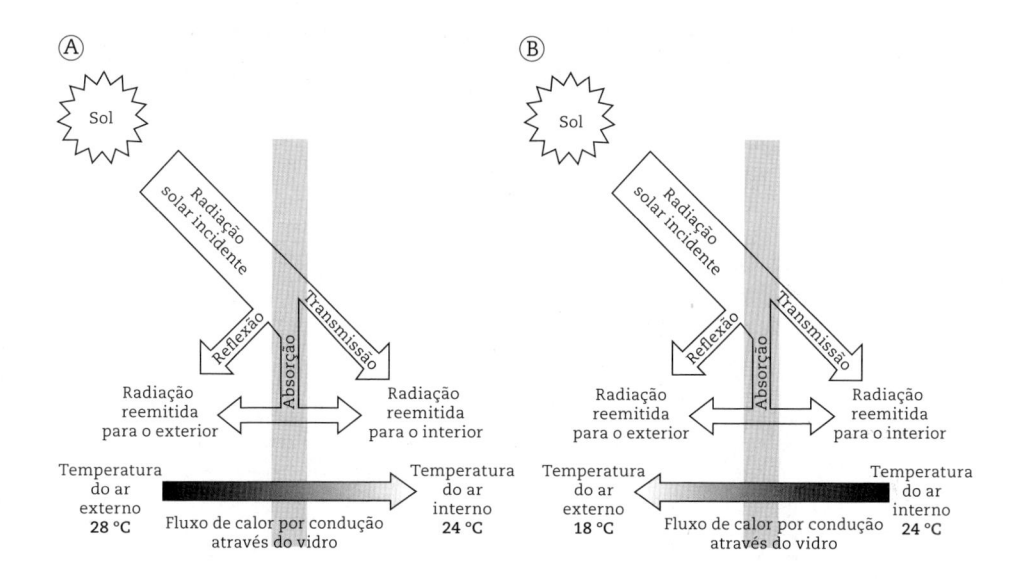

Fig. 4.5 *Fluxo de calor por radiação e condução através do vidro: (A) ambiente interno mais frio do que o externo e (B) ambiente interno mais quente do que o externo*

Como o comportamento do clima externo é dinâmico, a influência do vidro no desempenho térmico da edificação também é variável ao longo do dia e do ano. Por isso, uma análise criteriosa do clima e do padrão de uso da edificação é sempre recomendável para definir a especificação mais adequada para o vidro. Esse tipo de análise pode ser conduzido por simulação energética computacional.

No Brasil, o uso de vidros insulados não é muito comum na construção civil. Por enquanto essas composições são mais utilizadas na indústria de refrigeração, no fechamento de expositores de produtos. No entanto, podem ser uma opção viável para edificações em climas com temperaturas extremas ao longo do ano, tais como nas regiões Norte e Nordeste (constantemente quentes) e nas regiões Sul e serranas (com frio extremo). Cabe ressaltar que para cada caso há uma solução mais adequada, que deve ser baseada numa análise climática horária.

O gráfico da Fig. 4.6 mostra o efeito da câmara de ar na redução da temperatura da face interna do vidro da janela de um dormitório, quando exposto para a orientação oeste, na cidade de São Paulo. O gráfico apresenta o perfil de radiação solar incidente na fachada, assim como o perfil de temperatura da face interna de um vidro laminado e de um vidro insulado, quando instalados na mesma janela. Os dados foram gerados por simulação computacional. São apresentados os perfis de três dias no mês de março. No segundo dia, a temperatura máxima na face interna do vidro insulado é 8 °C menor que a do vidro laminado. Essa redução contribui para melhorar as condições de conforto térmico interno, diminuindo também o consumo de energia em climatização.

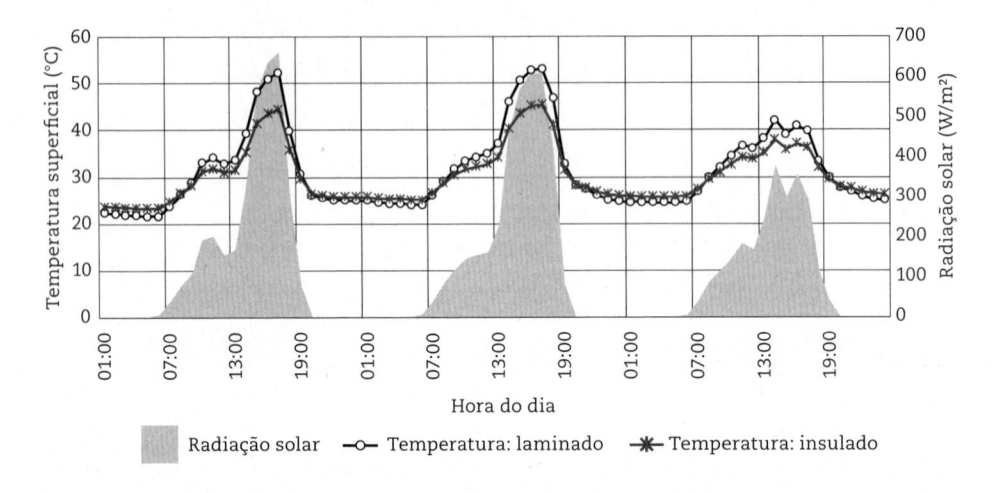

Fig. 4.6 *Comparativo do perfil de temperatura da face interna de vidros laminado e insulado, em janela de dormitório voltada a oeste na cidade de São Paulo*

4.5 Efeito estufa

Os vidros são transparentes à radiação solar, que compreende as ondas curtas, mas são opacos às ondas longas, assim como a maioria dos materiais de construção. A radiação em ondas curtas só é emitida por corpos em altíssimas temperaturas, como o sol. Todos os demais corpos aquecidos na superfície terrestre emitem radiação em ondas longas. Isso significa que ao longo do dia uma superfície envidraçada de uma edificação exposta ao sol permite a passagem de muita radiação em ondas curtas. Os materiais e os objetos presentes no interior dessa edificação serão gradualmente aquecidos, passando a emitir calor por radiação em ondas longas. O vidro, sendo opaco às ondas longas, tende a "aprisionar" o calor no interior da edificação, dificultando seu esfriamento por radiação, o que acaba provocando o "efeito estufa", facilmente percebido quando um automóvel está estacionado ao sol, por exemplo. Seu interior acaba aquecendo de forma significativa e a perda de calor ocorre por condução e convecção de forma mais lenta. O efeito estufa é atenuado se houver circulação de ar no veículo. O mesmo pode ser feito em uma edificação. Se houver ventilação natural, o efeito estufa é atenuado ou eliminado. Caso contrário, a carga térmica deverá ser retirada pelo sistema de condicionamento de ar.

Numa edificação situada em clima quente, o efeito estufa pode causar problemas sérios de desconforto térmico e aumento no consumo de energia para condicionamento de ar. Por isso, a especificação adequada dos vidros e dos elementos de sombreamento, em função da orientação solar e da área envidraçada, é fundamental para garantir um projeto energeticamente eficiente, mantendo o contato visual com o exterior e exigindo um baixo consumo de energia para iluminação e climatização.

5 DESEMPENHO LUMÍNICO

Quando a luz incide numa superfície de vidro, uma parte da energia é transmitida através do vidro, outra parcela é refletida e outra, absorvida, conforme ilustrado na Fig. 5.1. É o mesmo comportamento descrito no Cap. 4, mas agora será abordada apenas a parcela de radiação visível do espectro. A soma das três propriedades, transmissão, reflexão e absorção luminosas, é igual a 1,0. Assim, sempre que se busca uma especificação de vidro com característica proeminente em uma das propriedades, pelo menos outra será afetada em conjunto. Por exemplo, vidros coloridos tendem a ter taxa de absorção luminosa mais alta e transmissão luminosa mais baixa do que o vidro incolor.

Ao projetar uma edificação, o planejamento adequado das superfícies envidraçadas (posição, dimensão, elementos de proteção) e seu nível de transmissão luminosa serão determinantes para a caracterização estética do edifício e para o aproveitamento da luz natural. Contribuindo para a eficiência energética da edificação e o conforto visual dos usuários, o resultado pode ter impacto significativo na qualidade do ambiente interno, na saúde dos seus ocupantes e no consumo de energia para iluminação artificial. A reflexão do vidro pelo lado externo também é importante

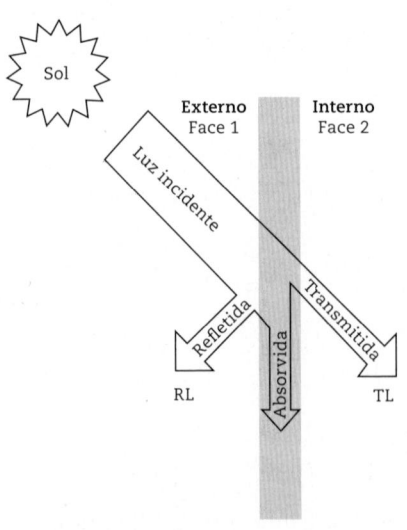

Fig. 5.1 *Propriedades luminosas do vidro*
Fonte: ABNT (2020b).

para a análise do conforto no entorno imediato da edificação, pois pode provocar problemas de ofuscamento na vizinhança.

A Fig. 5.2 ilustra os quatro diferentes aspectos de vidro que podem ser obtidos a partir do balanceamento entre transmissão, reflexão e absorção luminosas. Para alcançar esses resultados, a especificação do vidro pode levar em conta a seleção da cor da massa do vidro, a composição (laminado ou insulado), o beneficiamento (pintura, serigrafia, jateamento, acidação) e o tipo de revestimento metálico para controle solar. Composições laminadas com camadas intermediárias coloridas ou opacas podem ser especificadas com foco no aspecto e no desempenho energético, compatibilizando as necessidades de luz, calor e estética. Vidros insulados também podem ser utilizados quando se busca maior transparência com baixo fator solar. Além disso, podem receber persianas internas, na câmara de ar, para promover o controle de ofuscamento e redirecionar a luz natural para o interior do ambiente.

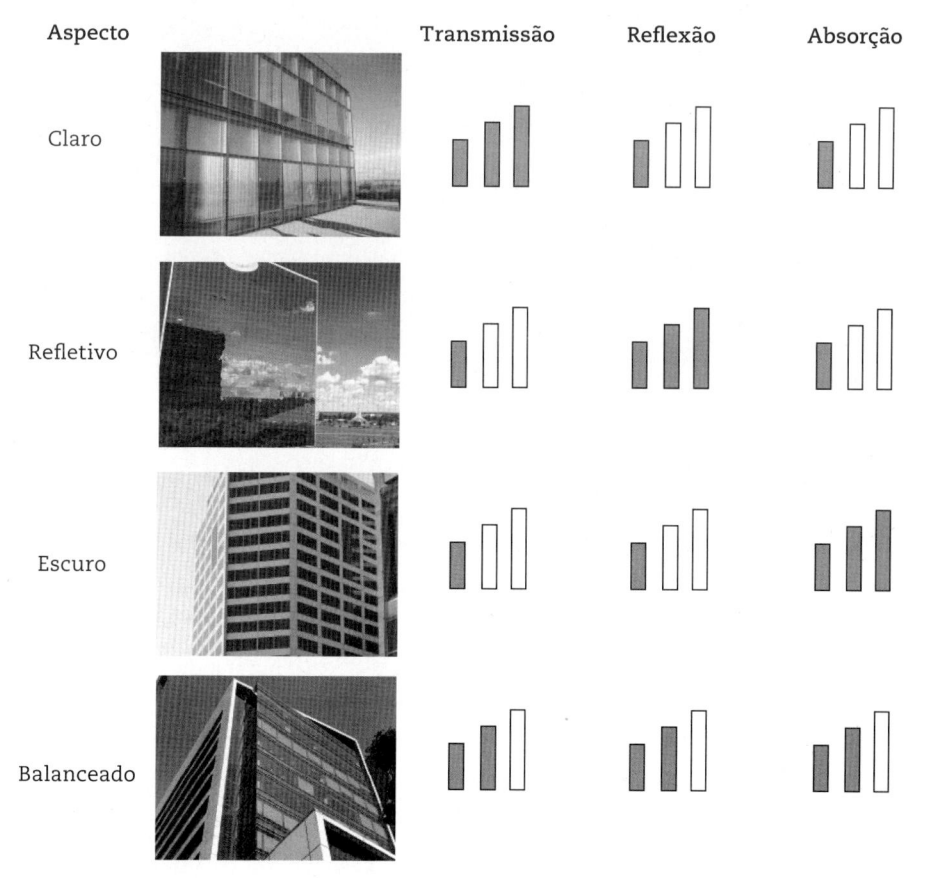

Fig. 5.2 *Diferentes aspectos estéticos e combinações entre as propriedades luminosas de vidros de controle solar*

5.1 Transmissão luminosa

A localização de um edifício tem grande impacto sobre suas exigências em termos de controle de luz. Em locais com alta incidência de radiação solar – como no Brasil –, o objetivo geral é limitar a transmissão de luz. Por outro lado, em lugares com menor intensidade de luz do sol, é muito importante aproveitar ao máximo a luz natural disponível, como é o caso dos países europeus e de boa parte dos Estados Unidos, por exemplo. Existem tipos de vidro que buscam atender aos mais diferentes requisitos relacionados à transmissão luminosa, desde percentuais muito baixos, da ordem de 8%, até 90% de transmissão.

Dependendo do tipo de vidro e de seu revestimento de controle solar, o nível de transmissão luminosa pode ser combinado a diferentes níveis de fator solar, podendo-se chegar a composições muito transparentes e com pouca transmissão de calor, e vice-versa.

O gráfico da Fig. 5.3 apresenta o fator solar e a transmissão luminosa de 114 especificações de vidros coloridos e de controle solar disponíveis no mercado brasileiro. Esses mesmos dados estão listados na forma de tabela no Apêndice A. Ao analisar o gráfico, observa-se de imediato uma tendência de aumento do fator solar para vidros com transmissão luminosa mais alta. Porém, nota-se que, na faixa de fator solar entre 0,30 e 0,45, existe uma ampla gama de opções de vidros com transmissão luminosa variando entre 0,20 e 0,55. Esse é um dos benefícios dos vidros de controle solar, qual seja, alcançar o mesmo desempenho térmico com níveis de transparência diferentes, permitindo aplicações direcionadas a variadas necessidades estéticas e de conforto visual. O gráfico da Fig. 5.4 contempla as mesmas especificações de vidros, mas comparando o fator solar com a reflexão luminosa externa. Mais uma vez, percebe-se que a mesma ordem de desempenho térmico, ou seja, faixa de fator solar, pode ser obtida com diferentes níveis de reflexão luminosa. A análise desses gráficos indica que podem ser especificados vidros com aspecto estético diferente, mas que resultam no mesmo bloqueio de calor para a edificação.

Quanto maior for a transmissão de luz através do vidro, maior será a quantidade de luz disponível dentro do ambiente. Diferentes tipos de revestimentos metálicos têm sido usados para compor vidros de controle solar, podendo reduzir a ocorrência de ofuscamento. No entanto, a redução nos níveis de luz natural no ambiente interno deve ser levada em consideração durante a determinação da área de janelas. Vidros de controle solar podem não ser suficientes para garantir uma proteção completa contra a radiação solar e o excesso de luz em determinadas condições ambientais e de projeto. Em muitos casos, proteções solares externas (*brises*, varandas e marquises) ou internas (persianas, cortinas e prateleiras de luz) são indispensáveis e devem ser projetadas de acordo com o tipo de vidro especificado. Mas não há uma regra geral. Para cada clima, orientação solar e área de abertura na fachada existem especificações de vidro e proteções que promoverão melhor desempenho lumínico.

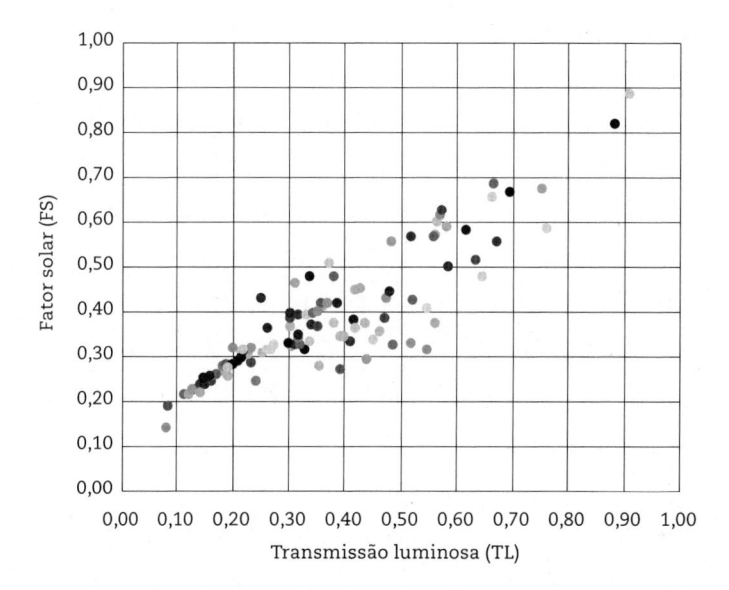

Fig. 5.3 *Fator solar e transmissão luminosa de 114 especificações de vidros de controle solar disponíveis no mercado brasileiro*

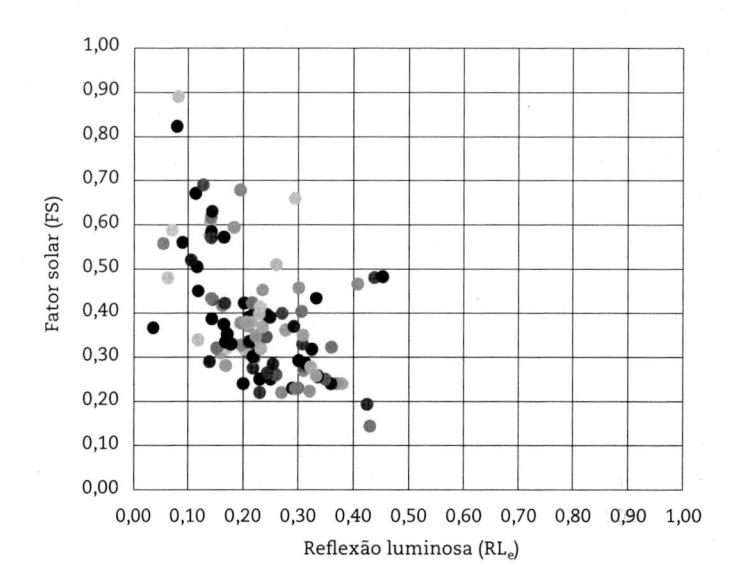

Fig. 5.4 *Fator solar e reflexão luminosa de 114 especificações de vidros de controle solar disponíveis no mercado brasileiro*

No Cap. 4 destacou-se que o fator solar é um indicador para a escolha preliminar de especificações de vidros, mas que o ganho de calor solar varia ao longo do ano, conforme a variação da posição aparente do sol e as condições de temperatura do ar. Da mesma forma, a transmissão e a reflexão luminosas são parâmetros que guiam a etapa inicial de escolha de especificações de vidros, mas variam conforme o ângulo de incidência da luz em relação ao plano do vidro. Quanto mais inclinado for o feixe de luz em relação ao vidro, maior será a taxa de reflexão e menor será a transmissão. Por isso, ao enxergar um mesmo vidro a partir de diferentes ângulos, ele muda seu aspecto, tornando-se mais espelhado à medida que o ângulo de visão se inclina em relação à chapa de vidro. O gráfico da Fig. 5.5 ilustra a variação da transmissão e da reflexão de luz do vidro *float* incolor de 3 mm de espessura em função de seu ângulo de incidência. Observa-se que, até 40° de incidência, a variação das propriedades é desprezível, aumentando significativamente a partir desse ponto.

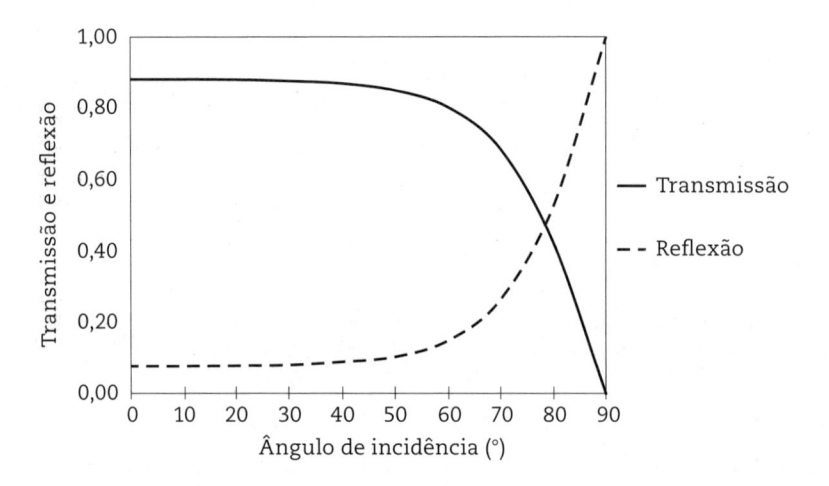

Fig. 5.5 *Variação da transmissão e da reflexão de luz de uma chapa de vidro incolor de 3 mm de espessura em função de seu ângulo de incidência*
Fonte: ASHRAE (2009).

Esse efeito é importante para a seleção de vidros de fachadas com base no aspecto estético. Para confirmar de fato como será o nível de espelhamento da fachada, é importante executar uma verificação *in loco* por meio de um *mockup*, ou seja, um modelo em escala real, que nada mais é do que a instalação de um pedaço da fachada (Fig. 5.6). A partir desse modelo pode-se verificar o aspecto final do vidro a ser instalado ou das opções em análise pela equipe de projeto. Essa verificação é feita visualmente e, de preferência, em momentos com diferentes condições de céu.

Fig. 5.6 *Exemplo de* mockup *instalado em edifício para verificação do aspecto estético de diferentes especificações de vidro para a fachada*

5.2 Conforto visual

As pessoas gastam a maior parte do dia dentro de edificações, em casa, no trabalho ou em estabelecimentos educacionais. A luz natural é indispensável para ativar o ciclo biológico diário dos seres humanos, garantindo um regime de sono saudável e trazendo bem-estar. O acesso adequado à luz natural estimula o sistema imunológico, afetando o humor das pessoas, o senso de alerta e a atividade metabólica. Um espaço bem servido de luz natural proporciona ambientes internos mais saudáveis, melhorando a sensação de bem-estar dos indivíduos e ampliando a produtividade no trabalho. Soma-se a esses benefícios a economia de energia elétrica por conta da redução do uso de iluminação artificial.

No projeto arquitetônico, é importante prever o acesso ao exterior em todas as áreas de permanência prolongada das pessoas na edificação. O vidro tornou possível esse contato com o exterior, ao mesmo tempo que protege os ambientes internos contra as intempéries. Porém, é essencial levar em consideração os efeitos adversos do excesso de luz e calor na edificação.

Uma das características fundamentais para a manutenção de um ambiente bem iluminado é a boa distribuição de luz em todo o espaço e a ausência de ofuscamento, ou seja, evitar grandes diferenças de contraste dentro do campo visual das pessoas. O ofuscamento pode ser provocado pelo excesso de luz de uma fonte direta, como uma luminária ou uma janela, ou de uma fonte indireta, devido à reflexão em uma superfície espelhada ou muito clara.

O uso de janelas em fachadas é a estratégia mais simples e comum para trazer a iluminação natural aos ambientes construídos, entretanto é a solução que pode resultar em duas situações indesejadas. Uma é a distribuição de luz não uniforme no espaço, uma vez que o nível de iluminação é mais intenso próximo às janelas, decaindo significativamente com a profundidade da sala. A outra situação é a grande diferença de contraste causada pela janela, como fonte de luz intensa, e o seu entorno imediato – paredes, forro e piso. Essa situação pode ocasionar o ofuscamento direto, de uma pessoa posicionada de frente à janela, ou indireto, no caso da pessoa situada contra a janela, com o reflexo percebido na tela do computador, por exemplo (Fig. 5.7).

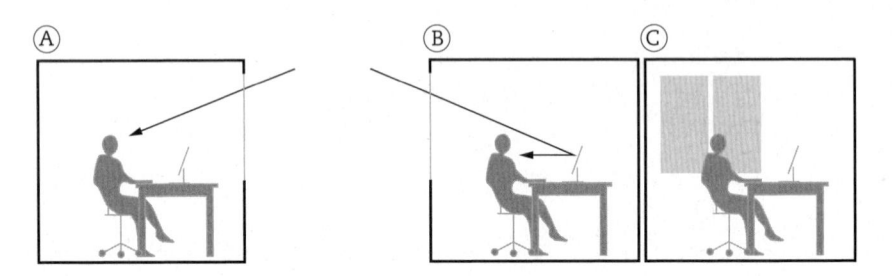

Fig. 5.7 Diferentes configurações para uma estação de trabalho em relação à abertura externa: (A) estação de trabalho de frente à janela – risco de ofuscamento direto; (B) estação de trabalho de costas à janela – risco de ofuscamento indireto; (C) estação de trabalho perpendicular à janela, reduzindo as chances de ofuscamento
Fonte: adaptado de Saint-Gobain Glass (2000).

Alguns indicadores podem ser utilizados para avaliar a qualidade do projeto, geralmente por meio de simulação computacional, mesmo ainda em fase de desenvolvimento.

A iluminância é a principal unidade de medida da quantidade de iluminação. Representada pela letra E, corresponde à quantidade de luz que atinge uma superfície em lumens por metro quadrado (lm/m^2). Essa unidade recebe também a denominação de lux. Para um ambiente de escritórios, a NBR ISO/CIE 8995-1 (ABNT, 2013) recomenda o nível de 500 lux de iluminância média no plano de trabalho, independentemente da fonte, se natural ou artificial.

Tomando a iluminância como unidade de medida, outros indicadores foram criados para quantificar a qualidade da iluminação nos ambientes internos. O Quadro 5.1 apresenta uma lista de indicadores usualmente empregados para avaliar a qualidade da iluminação natural fornecida a um ambiente interno. Alguns termos aparecem também com sua denominação em inglês, geralmente adotada por profissionais da área de iluminação. A intenção geral desses indicadores é quantificar a disponibilidade da luz natural ao longo do ano com boa uniformidade no ambiente. Não é possível afirmar qual deles é o mais adequado para qualificar o projeto de iluminação natural de uma edificação. Na prática, mais de um indicador costuma ser aplicado para descrever a qualidade de um projeto de aproveitamento da luz natural.

Quadro 5.1 Lista de indicadores de qualidade da iluminação natural em um ambiente interno

Nome do indicador	Sigla	Descrição
Iluminância	E	É a quantidade de luz que atinge uma superfície, medida em lux.
Fator de luz diurna (*daylight factor*)	FLD	É a relação entre a iluminância horizontal em um ponto no interior do ambiente e a iluminância horizontal no ambiente externo.
Autonomia da luz natural (*daylight autonomy*)	DA	Corresponde ao percentual de horas do ano em que um determinado nível de iluminação é alcançado. Pode ser calculado para uma malha de pontos no ambiente. Exemplo: DA_{300} = 56% significa que a iluminância média ou num ponto do ambiente é igual ou superior a 300 lux em 56% das horas do ano.
Autonomia da luz natural no espaço (*spatial daylight autonomy*)	sDA	Representa o percentual de horas do ano em que uma determinada fração de área do ambiente atende ao nível mínimo de iluminância estabelecido. Considera o cálculo do DA em uma malha de pontos e o percentual da malha que atende ao nível de iluminância estabelecido. Exemplo: $sDA_{300,50\%}$ = 75% significa que 75% da área do ambiente atinge ou supera o nível de 300 lux em pelo menos 50% das horas do ano.
Índice de luz do dia útil (*useful daylight index*)	UDI	Representa o percentual de horas do ano em que a iluminância está dentro de uma faixa estabelecida. Esse índice é um aperfeiçoamento do DA, uma vez que elimina os horários com excesso de luz. Usualmente, adota-se como limite a faixa de iluminâncias entre 300 lux e 3.000 lux.
Exposição anual à luz do sol (*annual sunlight exposure*)	ASE	Corresponde ao percentual de horas do ano em que uma região do ambiente está acima de um nível predefinido como excesso de luz, usualmente 1.000 lux, que representa a incidência direta de luz do sol e um provável problema de desconforto por ofuscamento.

5.3 Estratégias de projeto

Para melhorar a distribuição de luz natural no ambiente e evitar problemas de ofuscamento, uma boa estratégia é distribuir as janelas em mais de uma fachada, mas nem sempre isso é possível. De qualquer forma, deve-se dar preferência ao posicionamento das estações de trabalho de modo perpendicular às janelas. Vidros com transmissão luminosa mais baixa podem ser utilizados para diminuir a intensidade da luz natural e controlar seu excesso. Entretanto, essa é uma medida estática e necessita ser definida de maneira que garanta um equilíbrio entre as situações com baixa e alta disponibilidade de luz natural.

A NBR ISO/CIE 8995-1 destaca que a luz natural advinda de janelas laterais pode ser contemplada no projeto como um recurso para o efeito de modelagem no ambiente, revelando texturas de superfícies e destacando estrutura, objetos e pessoas de forma clara e agradável. Para essas situações, a norma recomenda que o fator de luz diurna (FLD) seja no mínimo de 1% a 3 m da janela e a 1 m das paredes laterais. A Fig. 5.8 ilustra a distribuição do FLD em uma sala com janela unilateral, comparada a outra situação com duas janelas adjacentes. Observa-se que, no modelo com janela unilateral, a distribuição de luz cai abruptamente a partir da distância de um terço do comprimento da sala em relação à janela. Na situação com janelas adjacentes, garante-se maior área no plano de trabalho com os mesmos níveis de iluminação. Nessas simulações, considerou-se um vidro com transmissão luminosa de 0,70.

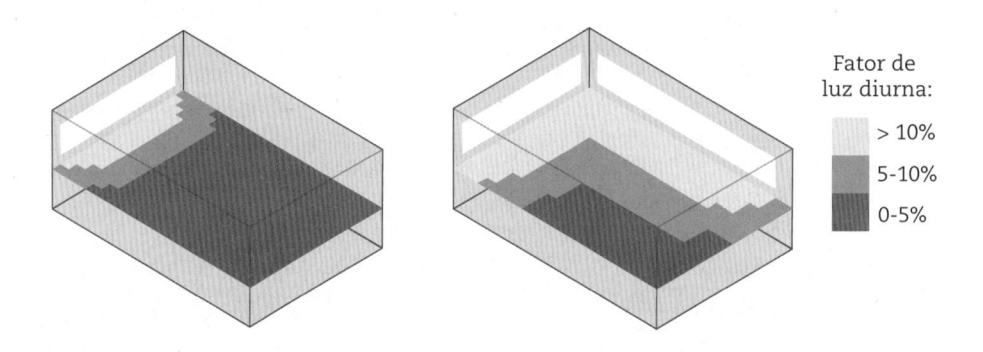

Fig. 5.8 *Distribuição de luz em ambiente com janela unilateral e com janelas em duas fachadas adjacentes utilizando vidro com transmissão luminosa de 0,70*

A Fig. 5.9 apresenta a mesma situação anterior, mas com vidro com transmissão luminosa de 0,40. Nota-se a redução abrupta do nível de iluminação no modelo com janela unilateral. Mas, na situação com duas janelas, há uma redução da região com excesso de luz próximo às aberturas, garantindo um nível mais adequado de iluminação em maior área do ambiente. Essa é a regra primordial para a especificação do vidro com foco na sua transmissão luminosa. Áreas de janela maiores poderão ter vidros com transmissão luminosa mais baixa para evitar o excesso de luz no ambiente.

Em ambientes destinados ao comércio e lojas, a presença de luz natural também atende à necessidade de reprodução de cores com maior fidelidade, além de reduzir a dependência em relação à iluminação artificial. Produtos sensíveis à radiação solar (alimentos, tecidos, móveis, eletrônicos etc.) devem ser protegidos da luz solar direta.

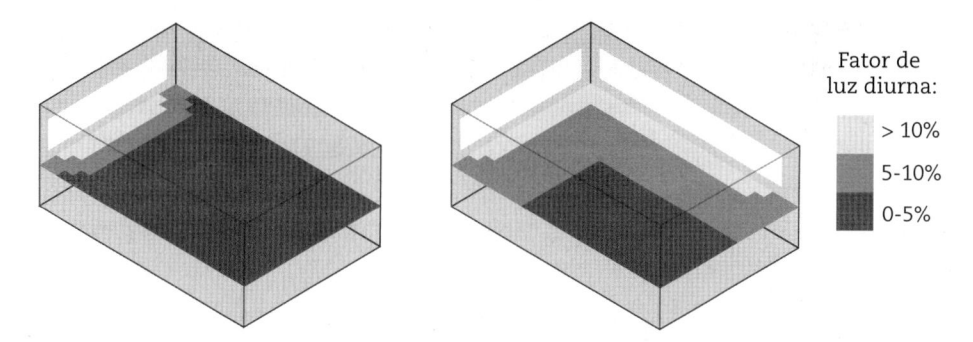

Fig. 5.9 *Distribuição de luz em ambiente com janela unilateral e com janelas em duas fachadas adjacentes utilizando vidro com transmissão luminosa de 0,40*

Nesses casos, vidros específicos podem filtrar a radiação ultravioleta e ajudar a diminuir o desbotamento dos objetos no interior da edificação. O uso de vidros antirreflexo pode aprimorar a apresentação dos produtos em vitrines, e o índice de reprodução ou renderização de cores passa a ser um parâmetro importante na especificação do vidro.

O índice de renderização de cores, representado pela sigla *Ra*, é determinado conforme a NBR ISO 9050 (ABNT, 2022) e resulta em um número que vai de 0 a 100. O valor máximo é alcançado para produtos cuja transmissão da radiação solar é constante para os comprimentos de onda na região da luz visível, ou seja, o vidro não provoca alteração de cores com a incidência da luz do sol. Alguns vidros coloridos têm o *Ra* reduzido e podem ser inadequados para certas situações. A ISO/CIE 8995-1 recomenda o valor mínimo de *Ra* igual a 80 para a maioria dos ambientes de trabalho, incluindo escritórios.

Além de vidros coloridos e vidros de controle solar, pode-se aplicar também um tratamento por serigrafia com o intuito de controlar o ganho de calor do sol e a entrada de luz, minimizando problemas de ofuscamento, ou seja, excesso de luz. A serigrafia é aplicada na beneficiadora de vidros, em um processo controlado que resulta em uma pintura de alta resistência. É comum o uso de padrões de formas geométricas, como pontos circulares, quadrados e listras (Fig. 5.10).

Fig. 5.10 *Padrões geométricos comuns aplicados em serigrafia*

No projeto mostrado na Fig. 5.11, uma serigrafia de pontos foi utilizada para promover leve escurecimento na porção superior da fachada em pele de vidro, controlando a entrada da luz emitida pelo céu. A Fig. 5.11B é uma foto ampliada mostrando em detalhe a serigrafia e sua sombra projetada no perfil de alumínio da fachada. Comparando as duas fotos, pode-se perceber que a marcação dos pontos na serigrafia é imperceptível quando se enxerga o vidro a uma distância regular, onde estarão as estações de trabalho.

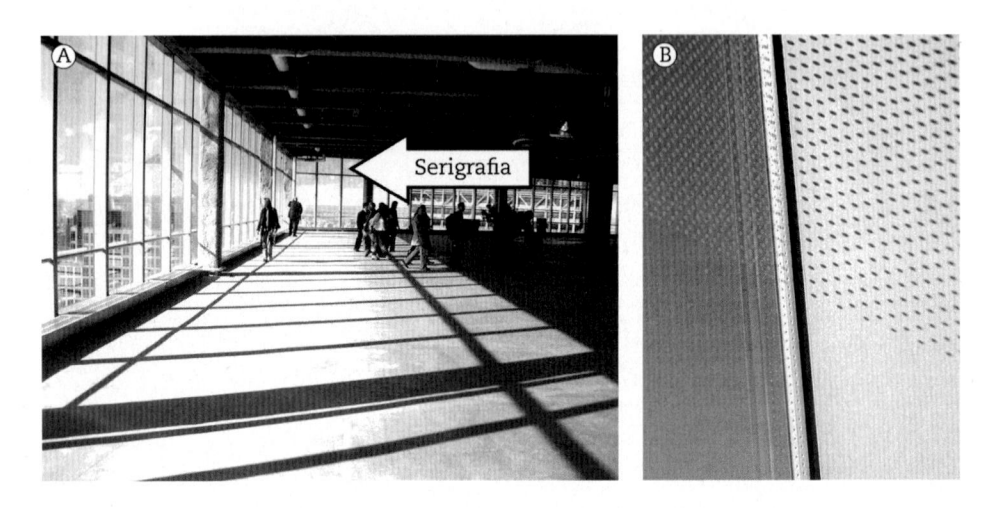

Fig. 5.11 Serigrafia aplicada na parte superior do vidro no 7 World Trade Center, em Nova York, com o intuito de controlar o ofuscamento. Projeto: David Childs (SOM)

Elementos físicos de controle de ofuscamento, como beirais, *brises*, varandas e prateleiras de luz, são eficazes no controle da insolação direta e do excesso de luz. Mas, quando se utilizam elementos fixos, deve-se avaliar a potencial obstrução do contato visual com o exterior, que em muitas situações pode ser indesejada.

Cortinas e persianas também atuam como elementos de controle da intensidade luminosa que atravessa a janela, com a vantagem de serem ajustadas conforme a necessidade do usuário. Na prática, as estratégias devem ser pensadas e adotadas em conjunto, ou seja, deve-se determinar a transmissão luminosa do vidro considerando os elementos de obstrução projetados para a edificação e os de sombreamento a serem instalados posteriormente nos ambientes internos. Em muitas situações será inevitável o uso de tais elementos.

EFICIÊNCIA ENERGÉTICA 6

O uso eficiente da energia em edificações consiste em fornecer condições aceitáveis de conforto e qualidade para o ambiente interno com menor consumo de energia. Por exemplo, um sistema de ar-condicionado mais eficiente é aquele que proporciona menor consumo de energia quando comparado a outro sistema, mas mantém iguais condições de temperatura e umidade do ambiente climatizado.

Nas edificações, o consumo de energia elétrica distribui-se em três principais usos finais: iluminação, ar-condicionado e demais equipamentos. A especificação dos vidros pode influenciar o consumo de energia dos sistemas de iluminação e de condicionamento de ar, uma vez que afeta o aproveitamento da luz natural e as trocas de calor pela envoltória da edificação, especialmente em relação à radiação solar.

O projeto de eficiência energética de uma edificação deve contemplar uma análise em conjunto de todos os usos da energia. A envoltória tem efeito direto sobre o consumo de energia em condicionamento de ar, promovendo a interação do clima com os ambientes e os usos internos da edificação (Fig. 6.1). Estes últimos representam uma parcela significativa de geração de calor e não podem ser alterados pelo projeto, sendo pouco suscetíveis a estratégias de eficiência energética.

Este capítulo discorre sobre a análise climática e como a especificação dos vidros pode afetar o consumo de energia de edificações para diferentes configurações de fachada.

Janelas
Dependendo da área de vidro, o ganho de calor é significativo. A infiltração de ar também contribui no ganho de calor. Vidros de controle solar e elementos de sombreamento contribuem para a eficiência energética.

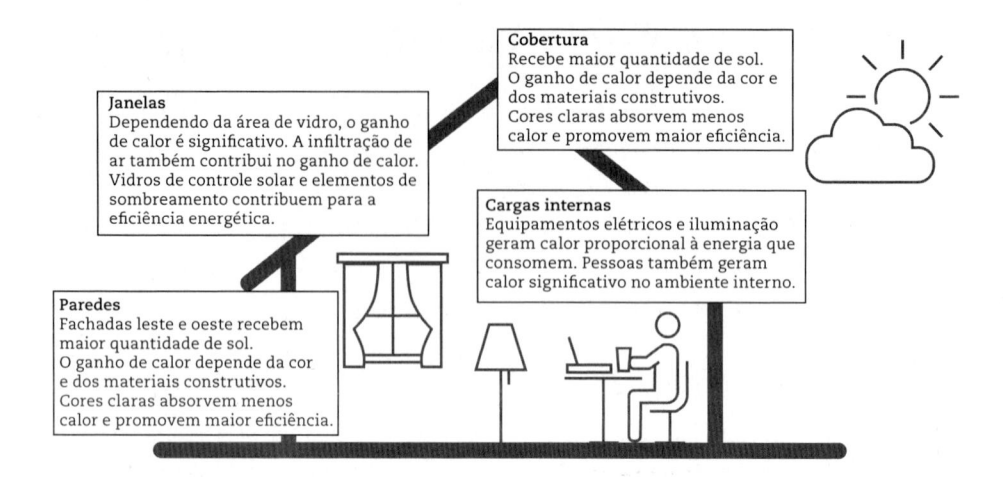

Cobertura
Recebe maior quantidade de sol. O ganho de calor depende da cor e dos materiais construtivos. Cores claras absorvem menos calor e promovem maior eficiência.

Cargas internas
Equipamentos elétricos e iluminação geram calor proporcional à energia que consomem. Pessoas também geram calor significativo no ambiente interno.

Paredes
Fachadas leste e oeste recebem maior quantidade de sol. O ganho de calor depende da cor e dos materiais construtivos. Cores claras absorvem menos calor e promovem maior eficiência.

Fig. 6.1 *Fontes de trocas de calor em uma edificação*

6.1 Análise climática

A especificação de um vidro para a edificação deve levar em conta principalmente as características climáticas da região onde o projeto será executado. A intensidade de radiação solar guiará a escolha do tipo de revestimento de controle solar, e a variação de temperatura do ar externo indicará se é necessário utilizar um vidro insulado. Evidentemente, maiores áreas de janela exigirão vidros mais eficientes em ambas as situações.

Atualmente, o estudo do clima pode ser feito sobre os registros horários de variáveis climáticas (temperatura, radiação solar, umidade relativa, pressão atmosférica, nebulosidade, pluviosidade, e velocidade e direção do vento) disponíveis em arquivos climáticos representativos da cidade onde o projeto está ou será inserido. Esses dados normalmente são gerados por estações climáticas automatizadas e depois recebem o tratamento estatístico adequado para as mais diversas finalidades. Um dos usos desses arquivos é a simulação computacional do desempenho energético de edificações, em que programas de computador são utilizados para calcular o consumo de energia do edifício, mesmo em fase de projeto. Com base na simulação computacional, pode-se avaliar o comportamento da edificação perante o clima.

Uma análise preliminar dos dados climáticos antes da simulação auxilia o projetista na definição de características gerais para tornar o projeto mais eficiente, mesmo porque, para executar a simulação, é necessário ter um modelo do edifício. Então, inicialmente se elabora ao menos um esboço das características gerais da edificação. Essa análise preliminar do clima pode ser conduzida sobre os dados de radiação solar e temperatura do ar exterior.

A análise da radiação solar consiste em identificar a intensidade de radiação incidente nas fachadas e na cobertura em cada época do ano, procurando-se dimensionar adequadamente as áreas de aberturas, suas proteções solares e o tipo de vidro. A distribuição do *layout* interno também pode ser definida de acordo com as áreas onde haja maior interesse ou necessidade de insolação.

Visando o projeto da envoltória da edificação, na análise dos dados de temperatura do ar busca-se identificar:

- *Se há grande variação de temperatura*: nesse caso, o projeto pode dispor de maior inércia térmica (paredes, cobertura e piso mais "pesados"), que, conjugada com a ventilação natural seletiva para resfriamento (adotada quando as condições do ar externo são favoráveis), pode manter a temperatura interna da edificação mais estável e próxima da zona de conforto ao longo do dia.
- *Se há pouca variação de temperatura*: nesse caso, torna-se difícil aplicar estratégias de resfriamento passivo. No Brasil, essa condição é comum nas regiões Norte e Nordeste. O sombreamento pode ser utilizado para minimizar o ganho de calor na edificação, e a ventilação natural, geralmente abundante nessas regiões, é adotada como estratégia para promover o conforto localizado sobre as pessoas, e não necessariamente para o resfriamento da edificação.

O gráfico da Fig. 6.2 mostra, como exemplo, os registros horários de temperatura do ar externo para um ano completo (8.760 h) dos arquivos climáticos representativos das cidades de São Paulo e Rio de Janeiro. Notam-se as estações bem definidas em São Paulo, com um período mais quente de novembro a abril e um período mais frio de maio a outubro, com mínimas abaixo de 10 °C no inverno. O Rio de Janeiro até registra um período com redução na temperatura do ar, no entanto os valores não ficam abaixo de 15 °C. Fica evidente a diferença climática entre as duas cidades. Um projeto arquitetônico desenvolvido para São Paulo certamente não terá o mesmo desempenho energético se for executado com as mesmas características na cidade do Rio de Janeiro.

Para entender e explorar as diferenças de temperatura entre as duas cidades, os gráficos da Fig. 6.3 mostram a frequência de ocorrência de faixas de temperatura do ar ao longo do ano no período entre as 8h e as 20h, quando geralmente ocorre a ocupação de edificações comerciais e de serviços.

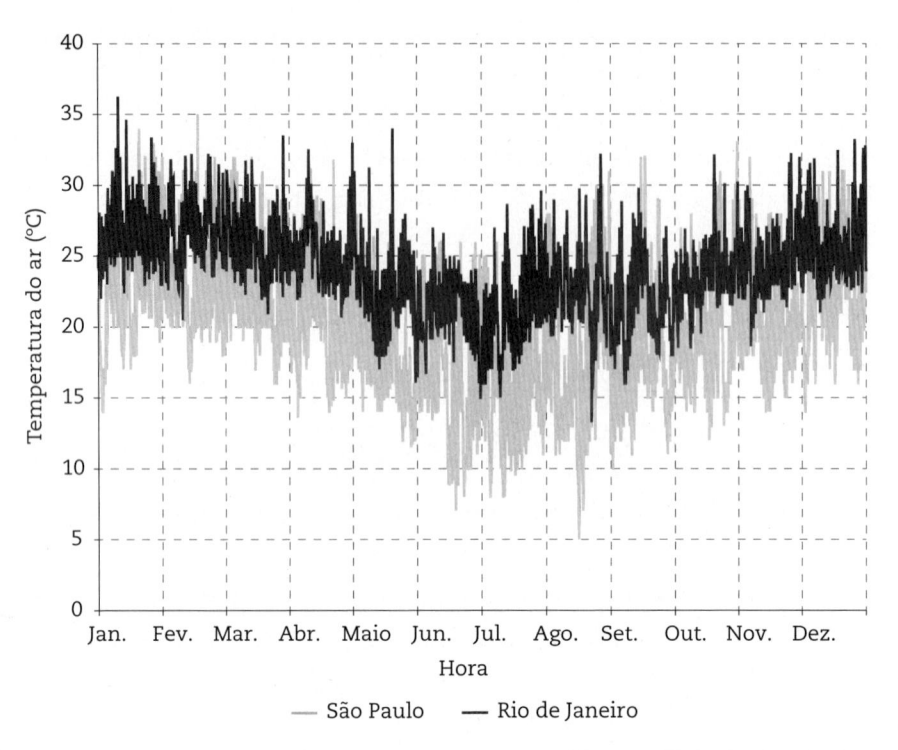

Fig. 6.2 *Variação de temperatura horária registrada nos arquivos climáticos de São Paulo e Rio de Janeiro*

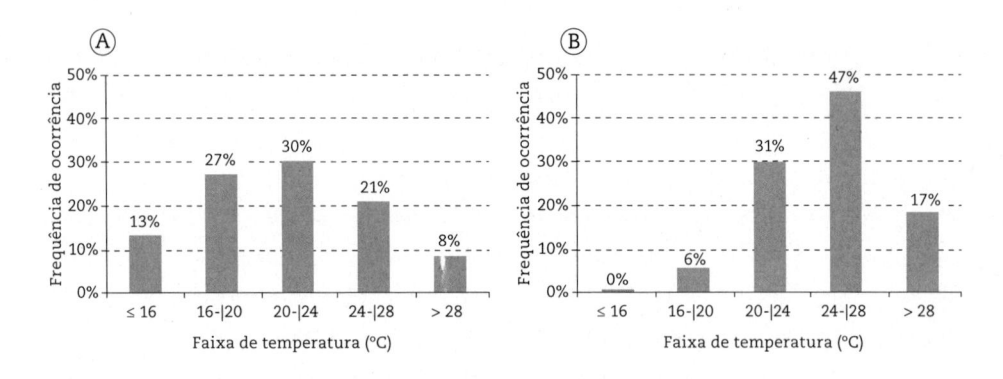

Fig. 6.3 *Frequência de ocorrência de faixas de temperatura do ar nas cidades de (A) São Paulo e (B) Rio de Janeiro*

Em São Paulo, identifica-se que 70% das horas do ano apresentam temperaturas iguais ou inferiores a 24 °C. Isso significa que o prédio pode estar perdendo calor pela envoltória em muitas horas do ano, pois geralmente os sistemas de condicionamento de ar são ajustados para esse nível de temperatura, mesmo em épocas de meia-estação, quando não há um calor intenso no exterior. Logo, um vidro com baixa transmitância térmica (vidro insulado) pode não ser uma boa estratégia de eficiência para o clima de São Paulo, pois pode trabalhar armazenando calor em boa parte do ano, quando poderia estar "dissipando" as cargas internas e reduzindo o consumo de energia para climatização. Evidentemente, esse fenômeno também depende das demais propriedades térmicas do vidro.

No Rio de Janeiro, a frequência de ocorrência de temperaturas abaixo de 24 °C é muito menor, chegando a 37%. Nesse caso, o vidro insulado pode ser uma boa alternativa, pois reduz também o fluxo de calor por condução do ar externo para o interno em boa parte do ano, diminuindo o consumo de energia em climatização.

6.2   Área de janela da fachada

Considerando as diferentes possibilidades de especificação de vidros de controle solar, é importante levar em conta o percentual de abertura da fachada do projeto. Um prédio inteiramente revestido por vidro não necessariamente será totalmente transparente à radiação solar. Por trás da pele de vidro existem muitas áreas de fachada cobertas por paredes e elementos estruturais. Dessa forma, a razão de área de janela da fachada, conhecida internacionalmente pela sigla WWR (*window-to-wall ratio*), corresponde apenas à parcela transparente da fachada. Como em alguns Estados brasileiros o Corpo de Bombeiros exige uma altura de parede de 1,20 m como elemento de proteção contra propagação de incêndio de um andar para o outro (chamado de *fire stop*), um projeto raramente terá mais que 70% de WWR, a não ser que possua pavimentos com pé-direito duplo, mezaninos ou fachada afastada da estrutura. O vidro utilizado como elemento de revestimento sobre componentes construtivos opacos não é computado como área de janela da fachada. Em projeto arquitetônico, esse vidro normalmente é chamado de *spandrel glass*, enquanto o vidro empregado na área transparente da fachada é denominado *vision glass*. A Fig. 6.4 ilustra um corte esquemático de um pavimento de edifício onde esses dois tipos de fechamento ocorrem, bem como a indicação do WWR.

6.3   Transferência de calor pela fachada

Deve-se observar que nem sempre a fachada de uma edificação está ganhando calor do ambiente externo (no caso de climas quentes brasileiros). Além disso, a carga térmica proveniente da fachada é afetada por toda a envoltória e pelo sistema construtivo da edificação. O ganho de calor por uma janela e sua contribuição na carga térmica interna ocorrem em três etapas:

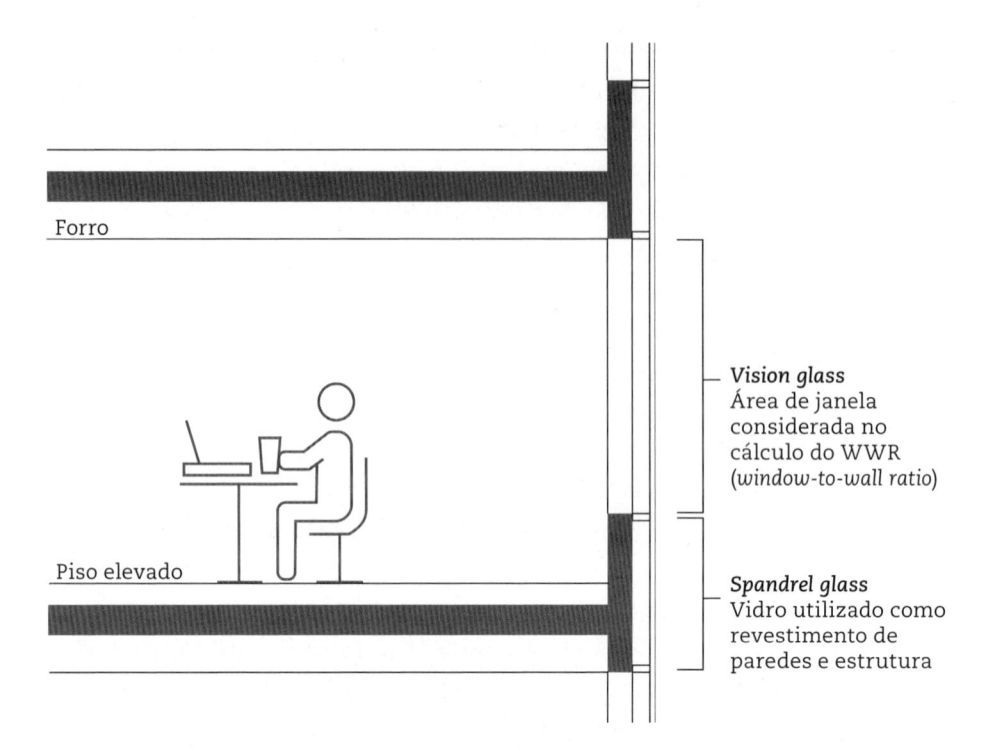

Fig. 6.4 *Corte esquemático do pavimento-tipo de um edifício de escritórios, com destaque para a área da pele de vidro que representa a fração de área de janela (WWR)*

- *Primeira etapa*: após atravessar os vidros, a radiação solar aquece as superfícies onde incide – piso, paredes, móveis e outros materiais internos à edificação.
- *Segunda etapa*: as superfícies internas aquecidas passam a promover trocas de calor por radiação entre si, provocando o aumento da temperatura de toda a envoltória. Por isso, o sistema construtivo também afeta a velocidade com que o ganho de calor pela janela é transferido para o ar interno. Construções mais pesadas levam mais tempo para aquecer e resfriar.
- *Terceira etapa*: por troca de calor por convecção, o ar interno é aquecido pelas superfícies da envoltória e dos demais objetos do ambiente. Parte do calor armazenado na envoltória também é devolvido para o exterior por condução através da envoltória e convecção mais radiação, dependendo do entorno e das condições climáticas externas.

Por outro lado, supondo que a temperatura do ar exterior esteja a 20 °C e o ar interno da edificação seja mantido a 24 °C, com o uso de ar-condicionado, a envoltória tende a dissipar calor nessa condição. Isso pode acontecer diversas vezes ao longo do ano. Portanto, para uma análise mais precisa sobre a influência da envoltória no consumo de energia da edificação, é importante considerar as variações climáticas ao longo do dia e do ano. Para isso, existem ferramentas computacionais que permitem simular o comportamento térmico da edificação, sua interação com o clima e a influência das variáveis internas, tais como fontes de carga térmica – iluminação, equipamentos elétricos e pessoas – e padrões de uso e operação.

Os programas computacionais que possibilitam simular o comportamento térmico de uma edificação, em geral, fazem o cálculo do balanço térmico em cada ambiente do edifício. São oito as fontes de ganho e perda de calor que ocorrem numa edificação e que entram nesse balanço térmico: cobertura, piso, paredes, janelas, pessoas, equipamentos, iluminação artificial e infiltração de ar.

Em condições de verão, o somatório de todas essas fontes deve resultar no aumento de temperatura do ar interno, requerendo o consumo de energia solicitado pelo sistema de climatização para resfriar e manter os ambientes a uma temperatura constante. Em condições de inverno, o balanço térmico deve resultar em redução da temperatura do ar interno, exigindo o consumo de energia para aquecimento. Por meio de simulação, pode-se quantificar a participação e o nível de influência de cada uma dessas fontes de fluxo de calor no consumo de energia em climatização da edificação.

Como as janelas representam apenas uma parcela do ganho total de calor da edificação, o aumento do WWR não necessariamente provocará um crescimento de igual intensidade no consumo de energia elétrica em climatização.

O gráfico da Fig. 6.5 mostra a variação de área de janela de um edifício de escritórios na cidade de São Paulo e o consequente aumento no consumo anual de energia quando simulado com vidro incolor com fator solar de 0,82 e vidro de controle solar com fator solar de 0,31. Observa-se que, mesmo com aumento de até 100% na área de janela (WWR de 30% para 60%), o incremento no consumo de energia global do prédio foi de apenas 4% com vidro de fator solar mais baixo. É importante destacar que esse teste foi executado sobre o projeto de um edifício de escritórios com sistemas de iluminação e condicionamento de ar de alta eficiência. Essas duas estratégias, aliadas ao uso de vidros de controle solar, mostram que é possível alcançar maior transparência nas fachadas com baixo impacto no consumo anual de energia. Com o vidro incolor, o incremento no consumo foi quase três vezes superior, alcançando 11% de variação.

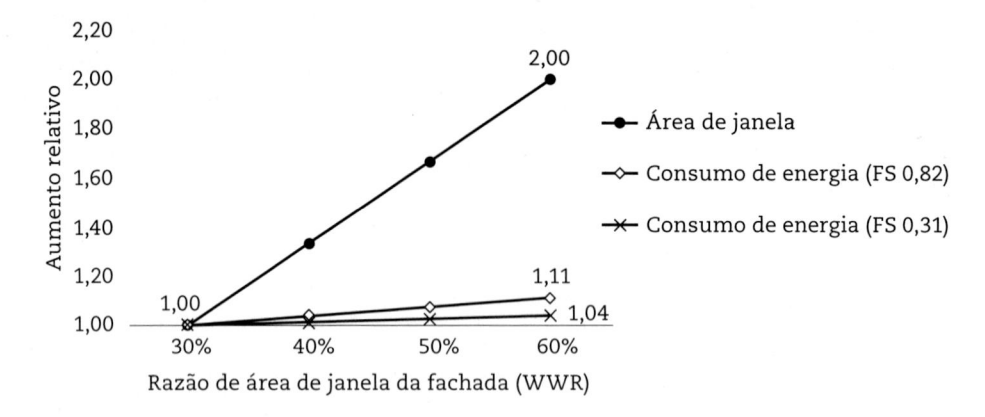

Fig. 6.5 *Aumento na área de janela e consequente elevação no consumo de energia*

6.4 Simulação energética computacional

O uso de simulação computacional para análise de desempenho energético de edificações tem se tornado prática comum no desenvolvimento de projetos de alta eficiência no Brasil. Por meio de simulação, pode-se estudar a eficácia de estratégias ainda na fase de projeto e prever o consumo de energia em função das condições climáticas antes da construção do empreendimento. Existem diversas ferramentas computacionais para esse tipo de estudo, sendo que no Brasil o programa mais utilizado é o EnergyPlus, desenvolvido pelo Departamento de Energia dos Estados Unidos e disponibilizado gratuitamente.

O EnergyPlus permite a análise integrada do desempenho térmico da envoltória da edificação (fachadas, coberturas e pisos) perante o clima, de suas cargas internas (equipamentos, iluminação e pessoas), do sistema de condicionamento de ar e dos demais equipamentos elétricos (bombas, motores, elevadores, exaustores etc.). É uma ferramenta computacional complexa, que exige do usuário conhecimento multidisciplinar para sua operação. Como tem sido utilizada no Brasil por diversos centros de pesquisa e empresas de consultoria em conforto ambiental, sua aplicação ocorre regularmente durante a fase de concepção do empreendimento com o objetivo de avaliar o projeto em face de requisitos de normas de desempenho e programas de certificação ambiental. Embora a simulação computacional seja rápida, com o processamento de dados levando alguns segundos ou poucos minutos, a montagem do modelo é complexa e trabalhosa, exigindo do usuário uma dedicação de tempo que pode levar dias ou semanas. Esse é um dos pontos negativos desse tipo de atividade, mas que não foge à regra de simulações semelhantes na Arquitetura e na Engenharia, como o processo de cálculo estrutural, por exemplo.

O programa EnergyPlus não apenas calcula o consumo de energia, mas também permite prever as condições de conforto térmico e lumínico nos ambientes internos da edificação. Os cálculos são desenvolvidos em base horária, o que possibilita a análise detalhada do desempenho do edifício considerando a variação climática ao longo dos dias, dos meses e do ano. O edifício é representado por meio de sua geometria (área e posição de paredes, cobertura e piso), propriedades físicas dos componentes construtivos, dados internos de uso e ocupação, e características do sistema de ar-condicionado ou das rotinas de ventilação natural. O modelo, exemplificado na Fig. 6.6, é simulado em face das condições climáticas da cidade de interesse, permitindo avaliar seu comportamento térmico e consumo de energia.

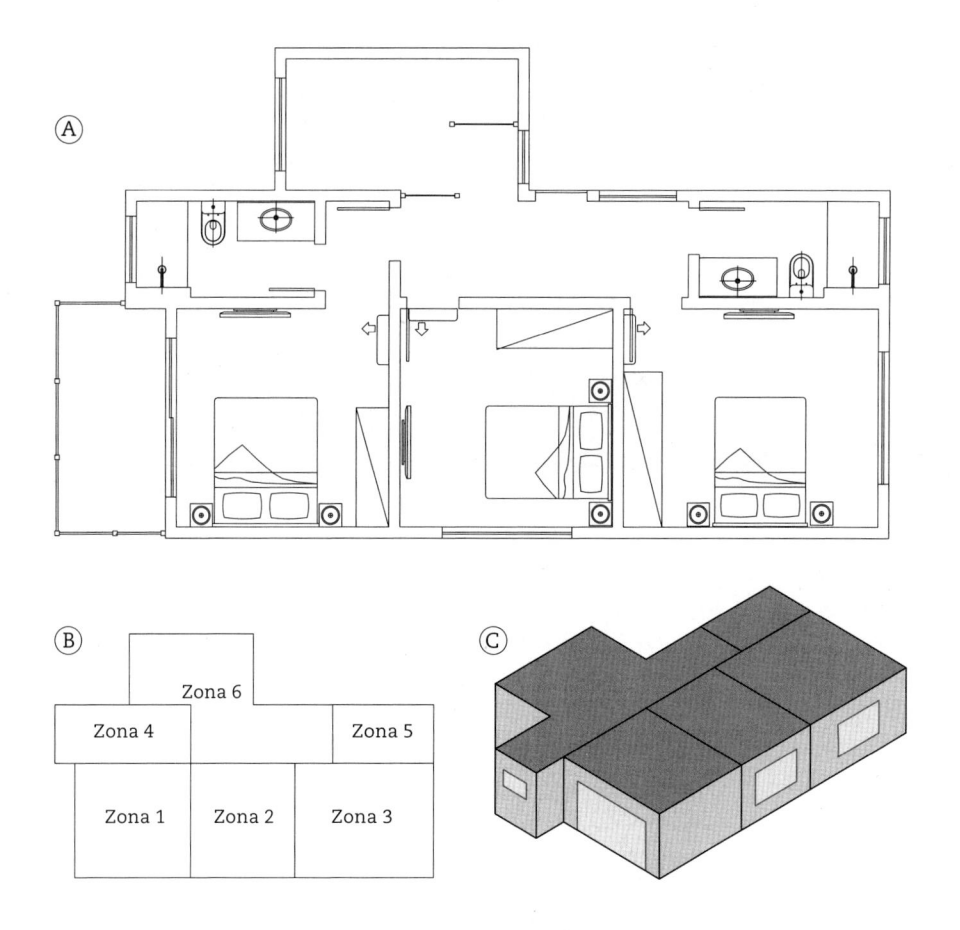

Fig. 6.6 *(A) Planta baixa de um pavimento de edifício residencial, (B) croqui do modelo esquemático elaborado para simulação computacional no EnergyPlus e (C) vista isométrica do mesmo modelo*

A representação das janelas do edifício no EnergyPlus ou em outros programas de simulação energética envolve a informação das propriedades ópticas dos vidros, além das características dos perfis das esquadrias, como dimensões, transmitância térmica e acabamento superficial. A Fig. 6.7 reproduz uma parte da tela de entrada de dados do EnergyPlus, com os campos utilizados para a representação do vidro no programa. Geralmente, as propriedades ópticas podem ser obtidas junto aos fabricantes ou às processadoras de vidro plano. O Apêndice A traz uma lista de 114 vidros disponíveis no mercado nacional com suas propriedades térmicas e ópticas para uso no EnergyPlus.

Field	Units	Obj1
Name		FS30 - ST420
Optical Data Type		SpectralAverage
Window Glass Spectral Data Set Name		
Thickness	m	0.008
Solar Transmittance at Normal Incidence		0.113
Front Side Solar Reflectance at Normal Incidence		0.158
Back Side Solar Reflectance at Normal Incidence		0.201
Visible Transmittance at Normal Incidence		0.187
Front Side Visible Reflectance at Normal Incidence		0.254
Back Side Visible Reflectance at Normal Incidence		0.207
Infrared Transmittance at Normal Incidence		0
Front Side Infrared Hemispherical Emissivity		0.8905
Back Side Infrared Hemispherical Emissivity		0.8905
Conductivity	W/m-K	1
Dirt Correction Factor for Solar and Visible Transmittanc		1
Solar Diffusing		
Young's modulus	Pa	
Poisson's ratio		
Window Glass Spectral and Incident Angle Transmittan		
Window Glass Spectral and Incident Angle Front Reflec		
Window Glass Spectral and Incident Angle Back Reflec		

Fig. 6.7 *Tela de entrada de dados das propriedades térmicas e ópticas dos vidros no programa EnergyPlus*

Como as esquadrias representam um item importante no desempenho térmico de edificações, existem outras ferramentas computacionais para o estudo específico de suas propriedades térmicas. Nesse contexto, o Lawrence Berkeley National Laboratory (LBNL), nos Estados Unidos, desenvolveu três programas que permitem a análise das propriedades térmicas e ópticas: Optics, Therm e Window. Inicialmente direcionados à aplicação na etiquetagem de esquadrias nos Estados Unidos, os três programas já encontram usuários no Brasil e serviram de apoio na elaboração da etiqueta de conforto térmico de esquadrias adotada na NBR 10821 (ABNT, 2017b). As características principais dessas ferramentas, todas de acesso gratuito, são descritas no Quadro 6.1. Desses programas pode-se extrair as propriedades físicas necessárias para executar as simulações do comportamento energético de edificações no EnergyPlus, por exemplo.

Quadro 6.1 Ferramentas computacionais utilizadas para análise de desempenho térmico de vidros e esquadrias

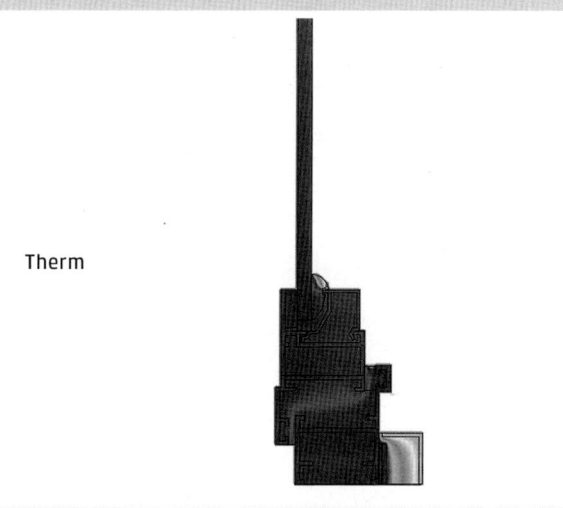

Programa	Tela principal	Descrição
Optics	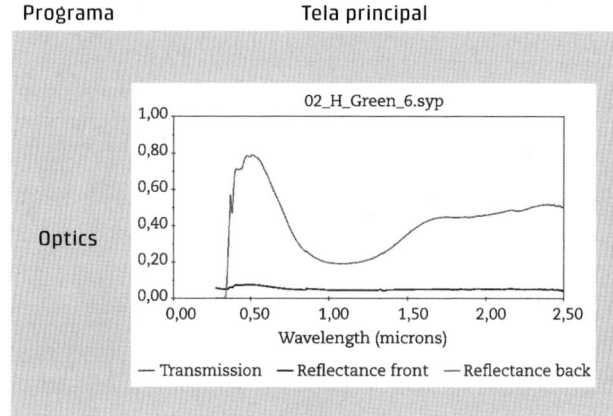	Permite a verificação e o cálculo das propriedades ópticas dos materiais para composição de vidros, incluindo sistemas laminados e elementos de sombreamento anexos. Possui uma base de dados de propriedades e métodos de ensaio normalizados. Apresenta como resultados os dados de transmissão e reflexão energética da composição analisada em face do espectro da radiação solar.
Therm		Permite modelar os efeitos de transferência de calor em duas dimensões em componentes construtivos, como janelas, paredes, fundações, telhados, portas e equipamentos, onde pontes térmicas são motivo de preocupação. Calcula os padrões de temperatura no componente, diante de condições de temperatura, radiação e velocidade do ar a que possa estar submetido. Permite determinar a transmitância térmica de perfis de esquadrias de acordo com normas internacionais.
Window	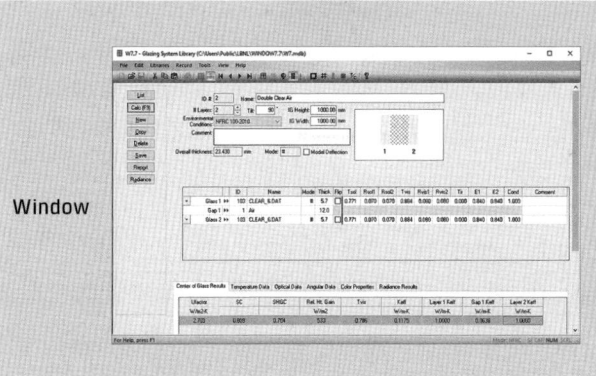	Permite calcular a transmitância térmica e o fator solar de esquadrias completas, incluindo os dados dos perfis, dos vidros e dos elementos de sombreamento. Possui uma ampla base de dados de propriedades térmicas e ópticas de vidros produzidos no mundo inteiro (International Glazing Database – IGDB) e possibilita a importação de dados gerados por cálculos do Optics e do Therm.

6.4.1 Economia de energia em climatização

Para mostrar o efeito das especificações de vidro em função da área de janela da fachada, um estudo por simulação computacional é apresentado a seguir. O modelo de um edifício de escritórios, descrito resumidamente na Fig. 6.8, teve o seu consumo de energia elétrica calculado por meio do programa EnergyPlus, com arquivo climático da cidade de São Paulo. Foram avaliadas quatro opções de WWR – 30%, 40%, 50% e 60% – e quatro especificações de vidro, descritas na Tab. 6.1 e que consistem em:

- *vidro* 1: vidro incolor de 6 mm com fator solar de 0,79;
- *vidro* 2: vidro de controle solar com fator solar de 0,57;
- *vidro* 3: vidro de controle solar com fator solar de 0,31;
- *vidro* 4: mesmo vidro anterior, mas numa composição insulada com câmara de ar de 12 mm e um vidro incolor de 6 mm, resultando em fator solar de 0,25.

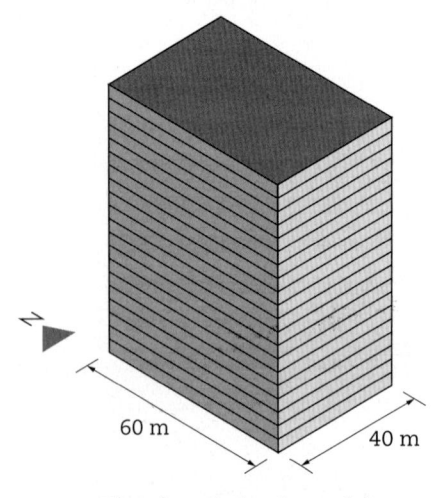

Uso do edifício: escritórios – das 8h às 20h
Número de pavimentos: 20
Área total construída: 48.000 m²
Área condicionada: 36.480 m²
Eficiência do ar-condicionado: 3,60 W/W
Paredes: alvenaria com blocos cerâmicos
Cargas internas:
Iluminação: 12 W/m²
Ocupação: 10,5 m²/pessoa
Equipamentos: 16 W/m²
Entorno: sem obstruções
Software: EnergyPlus

Vista isométrica do modelo

Fig. 6.8 *Características gerais do modelo utilizado para simulação computacional e análise de configurações de fachada e tipos de vidro*

Tab. 6.1 Propriedades ópticas dos vidros adotados no estudo

Propriedade	Vidro 1	Vidro 2	Vidro 3	Vidro 4
Espessura (mm)	8	8	8	8 + 12 + 6
Transmissão energética	0,74	0,48	0,20	0,17
Reflexão de energia externa	0,07	0,12	0,36	0,35
Reflexão de energia interna	0,07	0,09	0,16	0,19

Tab. 6.1 (continuação)

Propriedade	Vidro 1	Vidro 2	Vidro 3	Vidro 4
Transmissão luminosa	0,87	0,56	0,46	0,39
Reflexão luminosa externa	0,08	0,14	0,18	0,23
Reflexão luminosa interna	0,08	0,10	0,17	0,25
Emissividade externa	0,84	0,84	0,84	0,84
Emissividade interna	0,84	0,84	0,84	0,84
Condutividade térmica (W/m · K)	1,0	1,0	1,0	N/A
Fator solar	0,79	0,57	0,31	0,25
Índice de seletividade	1,10	0,98	1,48	1,56
Transmitância térmica (W/m² · K)	5,6	5,6	5,6	2,8

Os gráficos da Fig. 6.9 permitem comparar o consumo anual do modelo simulado entre cada configuração de abertura de fachada (WWR) e tipo de vidro. É apresentado o consumo anual de energia elétrica total do modelo por metro quadrado de área construída, embora apenas o consumo do sistema de condicionamento de ar seja afetado pela fachada nessa simulação.

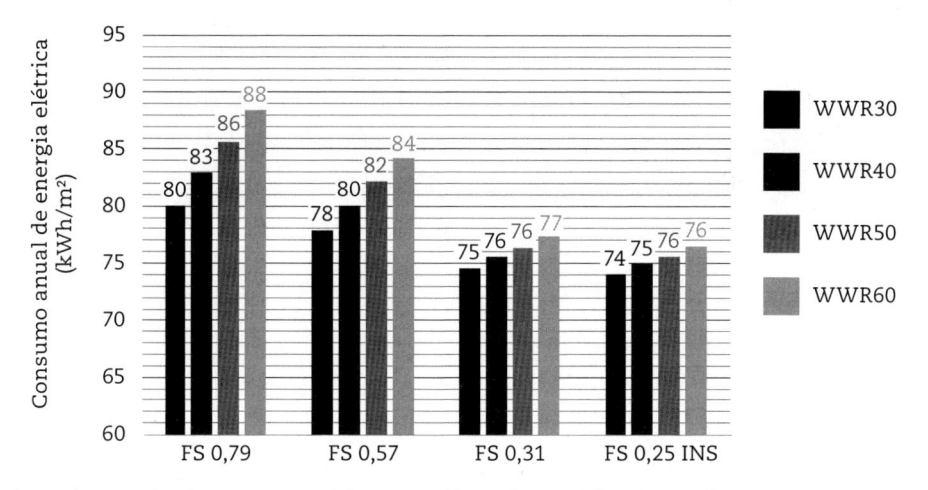

Fig. 6.9 *Comparativo do consumo anual de energia elétrica de um edifício de escritórios na cidade de São Paulo em função da área de janela da fachada e do fator solar do vidro utilizado*

Pelos gráficos, fica evidente a maior influência da área de janela no consumo de energia para os modelos com vidros de fator solar mais alto. Com vidros mais eficientes, é possível ampliar a área de janela mantendo o nível de consumo sem grandes incrementos. Por exemplo, observa-se que o consumo de energia de todos os modelos com os vidros de fator solar de 0,31 e 0,25, inclusive com a maior área de janela (WWR60), é inferior ao do modelo com WWR de 30% e vidro incolor (fator solar de 0,79).

Em outro exemplo, realizou-se a simulação energética de um dormitório na cidade de São Paulo com 3,0 m de largura por 3,5 m de profundidade, totalizando 10,5 m² de área útil, com fachada voltada para norte. Avaliou-se o consumo de energia anual para climatização para três opções de vidro com espessura de 6 mm na janela: incolor comum, com fator solar igual a 0,80; vidro de controle solar com fator solar igual a 0,60; e outro com fator solar de 0,30. A Fig. 6.10 apresenta esquematicamente o modelo geométrico adotado nesse estudo e suas principais características.

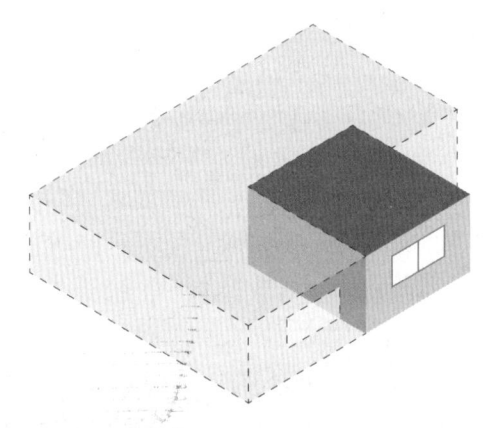

Cidade: São Paulo
Orientação da fachada: norte
Uso do cômodo: dormitório
Dimensões: 3,0 m × 3,5 m × 2,7 m
(largura × comprimento × altura)
Dimensões da janela: 1,5 m × 1,2 m
(largura × altura)
Paredes: alvenaria
Teto e piso: laje de concreto
Ocupação: duas pessoas
Ar-condicionado: *split* de eficiência 3,2 W/W

Fig. 6.10 *Características do modelo de dormitório utilizado em estudo de desempenho energético por simulação computacional*

O consumo anual de energia elétrica para cada modelo é mostrado na Fig. 6.11. Observa-se que o vidro com fator solar de 0,30 resulta em 37% de economia de energia anual. Em valores absolutos, a redução de consumo foi de 166 kWh. Com os dados de tarifa de energia elétrica, é possível transformar esse valor em economia financeira e calcular em quanto tempo ocorreria o retorno do investimento em um vidro com desempenho superior ao do incolor. Por exemplo, se a tarifa de energia elétrica é de R$ 1/kWh e o vidro com fator solar de 0,30 custa R$ 360 a mais do que o vidro da janela adotada no modelo (cerca de R$ 200/m² de vidro), o investimento se paga em menos de três anos.

Eficiência energética 81

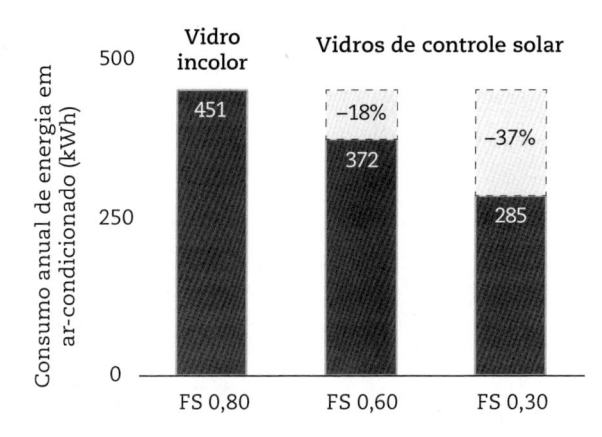

Fig. 6.11 *Análise energética do modelo de dormitório na cidade de São Paulo com fachada voltada para norte substituindo-se o vidro incolor por vidros de controle solar*

O mesmo padrão de análise anterior foi conduzido sobre o modelo de uma sala comercial com 4,0 m de largura por 6,0 m de profundidade, totalizando 24 m² de área útil. Foi modelada uma janela cobrindo toda a largura da fachada, com 1,2 m de altura, representando um WWR de 40%. O modelo foi simulado com arquivo climático da cidade de São Paulo, com a fachada voltada para a orientação norte. Um desenho esquemático do modelo e suas características principais são exibidos na Fig. 6.12.

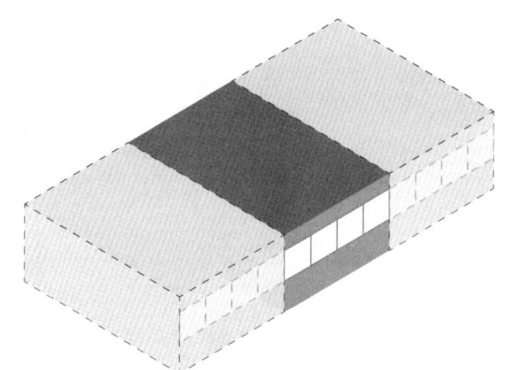

Cidade: São Paulo
Orientação da fachada: norte
Uso da sala: escritório
Dimensões: 4,0 m × 6,0 m × 3,0 m
(largura × comprimento × altura)
Dimensões da janela: 4,0 m × 1,2 m
(largura × altura)
Paredes: alvenaria
Teto e piso: laje de concreto
Ocupação: três pessoas
Iluminação: 12 W/m²
Equipamentos: 16 W/m²
Ar-condicionado: *split* de eficiência 3,2 W/W

Fig. 6.12 *Características do modelo de escritório utilizado em estudo de desempenho energético por simulação computacional*

Os resultados da simulação são indicados na Fig. 6.13. Observa-se que a substituição do vidro incolor (fator solar de 0,80) por um vidro de controle solar com fator solar igual a 0,30 proporciona economia de energia de 24%, que corresponde a 284 kWh anuais. Supondo uma tarifa de energia elétrica de R$ 1/kWh e um custo adicional de R$ 960 para a substituição dos vidros, o investimento se paga em três anos e meio.

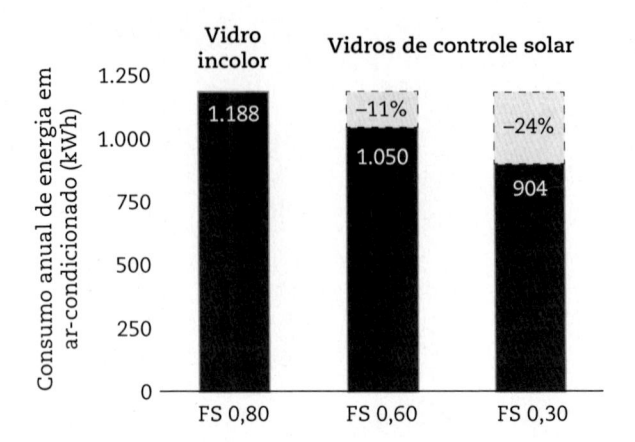

Fig. 6.13 Análise energética do modelo de escritório na cidade de São Paulo com fachada voltada para norte substituindo-se o vidro incolor por vidros de controle solar

Consumo anual de energia em ar-condicionado (kWh)

Vidro incolor — FS 0,80: 1.188
Vidros de controle solar — FS 0,60: 1.050 (−11%)
Vidros de controle solar — FS 0,30: 904 (−24%)

Para outros climas, esses mesmos cenários geram resultados diferentes. O mesmo exercício foi conduzido por simulação com os arquivos climáticos de 14 capitais brasileiras, resultando nos valores de economia de energia do vidro com fator solar de 0,30 em relação ao vidro incolor conforme apresentado no mapa da Fig. 6.14.

A variação do fator solar está atrelada à economia de energia por redução do ganho de calor do sol. No entanto, observa-se que nas regiões frequentemente mais

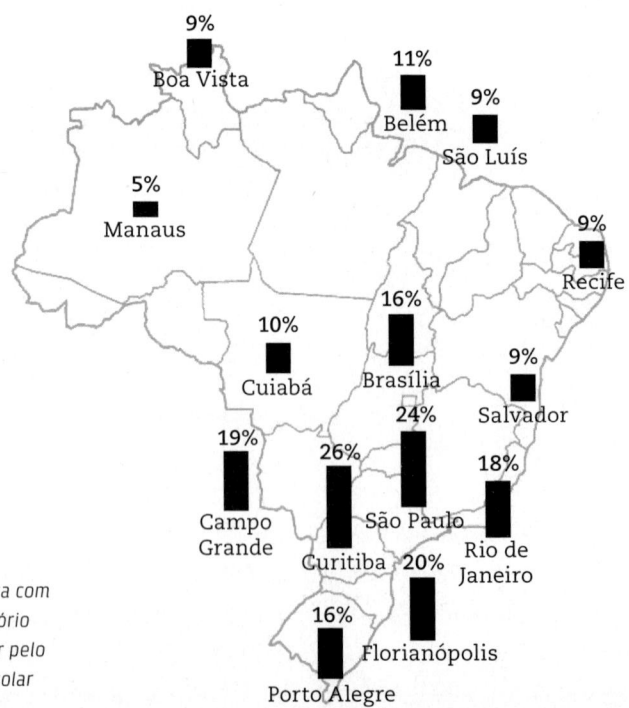

Fig. 6.14 Economia de energia gasta com climatização de uma sala de escritório com a substituição do vidro incolor pelo vidro de controle solar com fator solar de 0,30 em 14 capitais brasileiras

- Boa Vista: 9%
- Belém: 11%
- São Luís: 9%
- Manaus: 5%
- Recife: 9%
- Cuiabá: 10%
- Brasília: 16%
- Salvador: 9%
- Campo Grande: 19%
- São Paulo: 24%
- Rio de Janeiro: 18%
- Curitiba: 26%
- Florianópolis: 20%
- Porto Alegre: 16%

quentes, Norte e Nordeste, o percentual de economia é mais baixo, porque a temperatura do ar exerce influência significativa no desempenho térmico da edificação. Para controlar o efeito das temperaturas mais altas, outras estratégias devem ser adotadas, tais como o uso de vidros insulados e até mesmo o isolamento térmico das paredes da edificação.

Nas regiões com temperaturas mais amenas, Sul e Sudeste, a redução do fator solar proporciona economia percentual mais significativa, pois nessas situações a variação do ganho de calor do sol é preponderante no desempenho energético da edificação ao longo do ano.

6.4.2 Economia de energia em iluminação

Ao reduzir o ganho de calor solar, os vidros de controle solar diminuem a necessidade do uso de elementos físicos de sombreamento, como persianas e cortinas, para controlar a temperatura interna da edificação ao longo do ano, possibilitando contato visual com o exterior por mais horas.

Para avaliar esse efeito, uma simulação computacional de desempenho térmico e lumínico de um dormitório com a janela voltada para oeste foi realizada com a utilização de um vidro incolor (fator solar de 0,80) e de um vidro com fator solar de 0,34. Simulou-se a necessidade de fechamento de uma persiana integrada sobre uma janela de correr sempre que a temperatura do cômodo ultrapassasse 25 °C ou quando a radiação solar incidente na janela superasse os 200 W/m², que corresponde ao início de incidência de sol diretamente sobre a superfície.

Como resultado da simulação, quantificou-se o número de horas do ano em que a persiana está completamente recolhida, ou seja, a janela está desbloqueada, proporcionando contato visual com o exterior, sem acréscimo significativo na temperatura interna do cômodo. O gráfico apresentado na Fig. 6.15 indica que o vidro de controle solar permitiu uma redução de 60% das horas (de 1.449 para 583) em que a persiana fica completamente fechada. Isso significa que o uso de vidro de melhor desempenho possibilita mais tempo de exposição à radiação solar sem aumento significativo na temperatura interna do cômodo.

A integração da luz natural com o projeto arquitetônico visando a economia de energia exige a interferência no projeto elétrico da edificação, para que o sistema de iluminação artificial seja total ou parcialmente desativado enquanto a luz do dia é suficiente para manter níveis aceitáveis de iluminação no interior do prédio. Num edifício comercial, o sistema de iluminação artificial pode ser espacialmente disposto para possibilitar a desativação progressiva de lâmpadas a partir das fileiras próximas

Fig. 6.15 Comparativo de horas do ano em que a persiana de uma janela voltada para oeste permanece fechada, no dormitório de uma residência localizada em Florianópolis (SC), com o uso de vidro incolor e vidro de controle solar com fator solar de 0,34

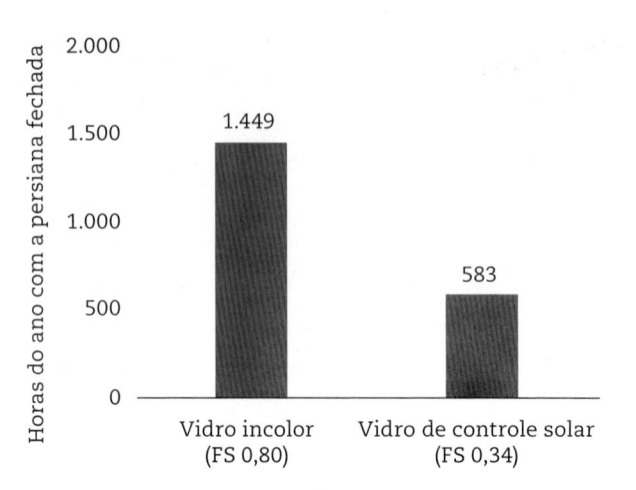

Horas do ano com a persiana fechada

- Vidro incolor (FS 0,80): 1.449
- Vidro de controle solar (FS 0,34): 583

às fachadas, à medida que haja uma boa captação de luz natural. Estratégias de controle de ofuscamento e distribuição da luz para maior uniformidade nos ambientes internos são fundamentais para alcançar elevados níveis de economia de energia. Tais medidas incluem o uso de *brises*, persianas ou prateleiras de luz ou até mesmo a seleção de vidros com transmissão luminosa mais baixa ou aplicação de serigrafia.

Como o território brasileiro se distribui em latitudes muito próximas à linha do equador, o País inteiro dispõe de elevado potencial de aproveitamento da luz natural. Muitas vezes, é necessário selecionar vidros com transmissão luminosa mais baixa que a do vidro incolor, evitando excesso de luz nos ambientes.

A simulação computacional conduzida para o edifício de escritórios apresentado na Fig. 6.8 considerando o modelo com 40% de área de janela da fachada (WWR40) demonstrou uma economia anual de energia elétrica de 6% com o aproveitamento da luz natural (Fig. 6.16). Esse resultado foi obtido na simulação com arquivo climático da cidade de São Paulo e leva em conta o desligamento do sistema de iluminação artificial quando os ambientes próximos às fachadas atingem 500 lux de iluminância média, livre de ofuscamento debilitador.

Quando utilizado um vidro de controle solar com fator solar de 0,31 e transmissão luminosa de 0,46, a economia anual de energia foi de 15%. Esse incremento na economia foi alcançado devido à redução de carga térmica através do vidro, diminuindo a necessidade de climatização, em conjunto com a redução do uso de energia em iluminação. Esse corte no consumo de energia representa o uso completo do edifício durante quase dois meses. Além disso, cabe ressaltar que a redução no consumo ocorre apenas nos sistemas de iluminação e condicionamento de ar, que são os únicos afetados pelo tipo de vidro nas fachadas. O prédio possui uma série de outros equipamentos que continuam consumindo energia normalmente, o que dificulta maiores percentuais de redução com estratégias para a envoltória.

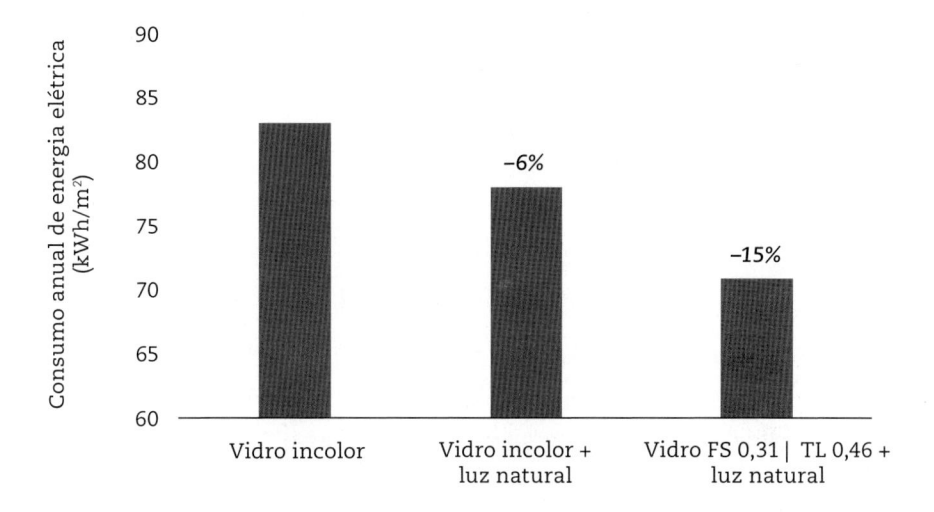

Fig. 6.16 Economia de energia obtida com a integração entre luz natural e artificial num edifício de escritórios na cidade de São Paulo calculada por simulação computacional

7 DESEMPENHO ACÚSTICO

7.1 Conceitos e propriedades

O som que se escuta é resultado de uma variação de pressão no ar que viaja desde a fonte sonora até os ouvidos. Esse fluxo de energia sonora ocorre por meio da vibração de partículas do ar. Da mesma forma, o som se propaga através dos sólidos e dos líquidos por meio da vibração de suas partículas. A velocidade de propagação é mais alta nesses meios, pois são materiais mais densos e as partículas estão mais próximas umas das outras. Geralmente, a vibração provocada pelas ondas sonoras acontece em diferentes frequências, e, assim, identificam-se sons mais agudos, em frequências mais altas (como a sirene de uma ambulância), e sons mais graves, em frequências mais baixas (como a batida de um tambor).

Por definição, ruído é todo aquele som que provoca incômodo, podendo levar a problemas de saúde quando se fica exposto a intensidades muito altas dele e por longo período. A medição de sons, ou ruídos, é feita por meio da avaliação do nível de pressão sonora (NPS), dado em decibel (dB).

O decibel é uma grandeza relativa utilizada para simplificar o estudo da acústica, pois a percepção humana em relação à variação de pressão sonora é exponencial, e não linear. Isso acontece para outras sensações humanas também. Por exemplo, se uma pessoa estiver segurando um material com 1 kg de massa ao qual seja adicionado um peso extra de 1 kg, ela terá uma sensação de aumento de esforço mais evidente do que outra que estiver segurando 10 kg de material e receber a mesma carga adicional de 1 kg. Talvez a segunda pessoa nem perceba esse esforço extra. A mesma situação ocorre em acústica: variações de pressão só são percebidas quando multiplicadas por dez. Por isso, o decibel é calculado em logaritmo na base 10 e tendo um valor de pressão como referência (P_0), conforme mostrado a seguir:

$$L_P = 10 \cdot \log_{10}\left(\frac{P^2}{P_0^2}\right) \tag{7.1}$$

em que:

L_p é o nível de pressão sonora, em decibels (dB);

P é a pressão sonora, em pascals (Pa);

P_0 é a pressão sonora de referência, em pascals (Pa), que por definição é igual a 0,00002 Pa.

As edificações recebem a incidência de sons de diversas fontes. Assim, para desenvolver um projeto arquitetônico com bom desempenho acústico, é necessário avaliar os ruídos por faixas de frequência. Em acústica, convencionou-se trabalhar com as faixas de frequência seguindo a mesma divisão das oitavas de um piano, por isso elas são chamadas de *bandas de oitava*. A frequência central de cada faixa é apresentada na Tab. 7.1, podendo-se observar que cada banda de oitava corresponde ao dobro da anterior. A fala humana, por exemplo, compreende sons emitidos principalmente entre as frequências de 500 Hz a 4.000 Hz. Quando se quer um maior detalhamento do som, trabalha-se com as bandas de oitava subdivididas em três faixas, denominadas bandas de 1/3 de oitava, também mostradas na mesma tabela.

Tab. 7.1 Frequência central de bandas de oitava e bandas de 1/3 de oitava, adotadas na análise acústica de edificações

Bandas de oitava	Bandas de 1/3 de oitava	Denominação
	50 Hz	
63 Hz	63 Hz	
	80 Hz	
	100 Hz	
125 Hz	125 Hz	Baixas frequências
	160 Hz	
	200 Hz	
250 Hz	250 Hz	
	315 Hz	

Tab. 7.1 (continuação)

Bandas de oitava	Bandas de 1/3 de oitava	Denominação
500 Hz	400 Hz	Médias frequências
500 Hz	500 Hz	Médias frequências
	630 Hz	Médias frequências
	800 Hz	Médias frequências
1.000 Hz	1.000 Hz	Médias frequências
	1.250 Hz	Médias frequências
2.000 Hz	1.600 Hz	Altas frequências
2.000 Hz	2.000 Hz	Altas frequências
	2.500 Hz	Altas frequências
	3.150 Hz	Altas frequências
4.000 Hz	4.000 Hz	Altas frequências
	5.000 Hz	Altas frequências
	6.300 Hz	Altas frequências
8.000 Hz	8.000 Hz	Altas frequências
	10.000 Hz	Altas frequências

A Tab. 7.2 traz alguns exemplos de fontes sonoras e seus respectivos valores médios de pressão e nível de pressão sonora. Observa-se que a mudança de 10 dB no nível de pressão sonora é uma alteração significativa no nível de ruído. Por exemplo, uma pessoa falando a 1 m de distância emite um som a 70 dB e um aspirador de pó, que provoca um ruído muito mais intenso, resulta em nível de pressão sonora de 80 dB.

Tab. 7.2 Pressão e nível de pressão sonora para algumas fontes sonoras

Exemplo de fonte sonora	Pressão sonora (Pa)	Nível de pressão sonora (dB)
Avião a jato a 1 m de distância (perigo de ruptura do tímpano)	200	140
Avião a jato a 5 m de distância (limiar da dor)	63	130
Britadeira	6,3	110
Rua movimentada	2,0	100
Aspirador de pó	0,20	80
Pessoa falando a 1 m de distância	0,063	70
Escritório com barulho médio	0,020	60
Escritório aberto com tratamento acústico	0,006	50

Tab. 7.2 (continuação)

Exemplo de fonte sonora	Pressão sonora (Pa)	Nível de pressão sonora (dB)
Escritório privativo (ideal)	0,002	40
Quarto de dormir	0,0006	30
Movimento de folhagem	0,0002	20
Região desértica, sem vento	0,00006	10
Câmara anecoica em laboratório (limiar de audição)	0,00002	0

Fonte: Bistafa (2011).

A NBR 10152 (ABNT, 2017a) traz valores de referência de níveis de pressão sonora a serem alcançados em ambientes internos, de acordo com a atividade a ser desenvolvida. Por exemplo, em um ambiente de escritórios de planta aberta permite-se um nível de ruído de fundo de até 50 dB (já considerando a tolerância de 5 dB aceita pela norma) e em um dormitório de residência permite-se até 40 dB.

No projeto de edificações, é importante avaliar o espectro sonoro das fontes de ruído, ou seja, a distribuição do nível de pressão sonora por banda de oitava. O comportamento dos materiais e dos sistemas construtivos também varia em relação às faixas de frequência. Como exemplo, a Fig. 7.1 apresenta o nível de pressão sonora por banda de oitava para quatro fontes de ruído. As colunas da direita mostram o nível de pressão sonora equivalente (L_{eq}) para cada ruído. O nível equivalente é obtido pela adição das pressões em cada banda de oitava e por sua posterior conversão em decibel. Observa-se que o ruído de uma rodovia e de um ambiente de escritórios tem seus níveis de pressão sonora mais altos nas baixas frequências, caracterizando sons mais graves. O aspirador de pó e a conversação normal apresentam valores mais altos de nível de pressão sonora nas altas frequências, caracterizando sons mais agudos.

7.2 Isolamento acústico

O isolamento acústico é garantido por massa, ou seja, com o uso de materiais pesados. Por exemplo, o concreto, a alvenaria e as placas de gesso são materiais e sistemas construtivos que proporcionam bom isolamento acústico. O vidro também é um material isolante, por ter alta densidade, porém é utilizado em espessuras muito pequenas quando comparado a outros materiais construtivos. Por esse motivo, merece atenção especial na especificação com foco em atenuação sonora. Além disso, todo fechamento para isolamento acústico deve ser bem vedado, sem frestas. Em esquadrias, esse é um fator limitante, pois, por terem peças móveis, geralmente ocorrem pequenas frestas que podem comprometer todo o isolamento acústico.

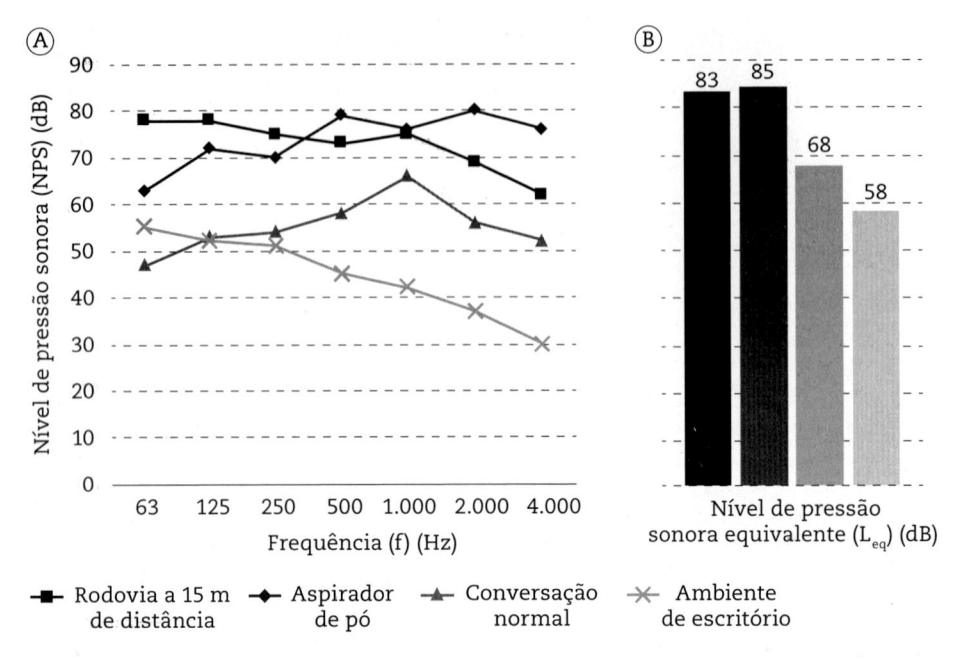

Fig. 7.1 (A) Nível de pressão sonora por banda de oitava e (B) nível equivalente (L_{eq}) de fontes de ruído
Fonte: adaptado de Ermann (2015) e Egan (2007).

A avaliação do nível de isolamento acústico de um material ou sistema construtivo é feita em decibel e corresponde simplesmente à diferença de nível de pressão sonora entre os dois ambientes que esse material ou sistema separa. Assim, se o vidro de uma janela proporciona isolamento de 30 dB e está sujeito a um nível de pressão sonora de 80 dB vindo do ambiente externo, o ambiente interno receberá os 50 dB restantes.

Essa explicação é uma simplificação do conceito de atenuação sonora, quando avaliada em laboratório, em câmaras acústicas especialmente desenvolvidas para medir com exatidão o isolamento do material. Na prática, o efeito de isolamento é muito mais complexo, pois o ruído que chega a um ambiente interno da edificação não incide apenas no vidro, mas percorre outros caminhos, como paredes, estruturas e portas. Por isso, o tratamento acústico deve ser pensado de forma abrangente, para toda a envoltória. Os valores medidos em laboratório são usados como referência para a seleção de materiais, visando alcançar o desempenho desejado na edificação depois de construída. Além disso, a capacidade de isolamento dos materiais nem sempre é a mesma para sons em diferentes frequências.

Para entender melhor o desempenho acústico dos vidros, é importante destacar alguns conceitos teóricos, ou leis da física, sobre o isolamento acústico de materiais homogêneos:

- o isolamento é maior para as frequências mais altas (sons mais agudos) e aumenta numa proporção de 6 dB a cada banda de oitava (lei da frequência);
- o isolamento aumenta cerca de 6 dB para cada vez que se dobra a massa de uma chapa de material homogêneo (lei da massa);
- os materiais homogêneos possuem uma faixa de frequência crítica (lei da frequência crítica), onde o isolamento acústico é deficiente e não segue a regra de incremento de 6 dB a cada banda de oitava.

Na Fig. 7.2A é mostrada a reta teórica de incremento do isolamento acústico de um material homogêneo em função da frequência. A reta possui uma inclinação de 6 dB a cada banda de oitava (lei da frequência). A Fig. 7.2B ilustra a curva de isolamento real de um vidro monolítico de 4 mm. Observa-se que, na prática, para essa espessura de vidro há um decréscimo na capacidade de isolamento acústico na faixa de frequência próxima dos 4.000 Hz. Nessa faixa de frequência, chamada de frequência crítica do material, o comprimento de onda do som incidente coincide com o comprimento de onda de flexão do painel de vidro, fazendo com que o som seja transmitido mais facilmente através dele. A frequência crítica depende da rigidez do painel, que no caso do vidro está diretamente ligada à espessura da chapa. Esse comportamento ainda varia com o tipo de fixação e as dimensões da chapa de vidro. Mas, a título de comparação, considerando os valores teóricos, a Tab. 7.3 apresenta a frequência crítica para cada espessura padrão de vidro monolítico. Essa informação é importante para a composição de vidros insulados com diferentes espessuras.

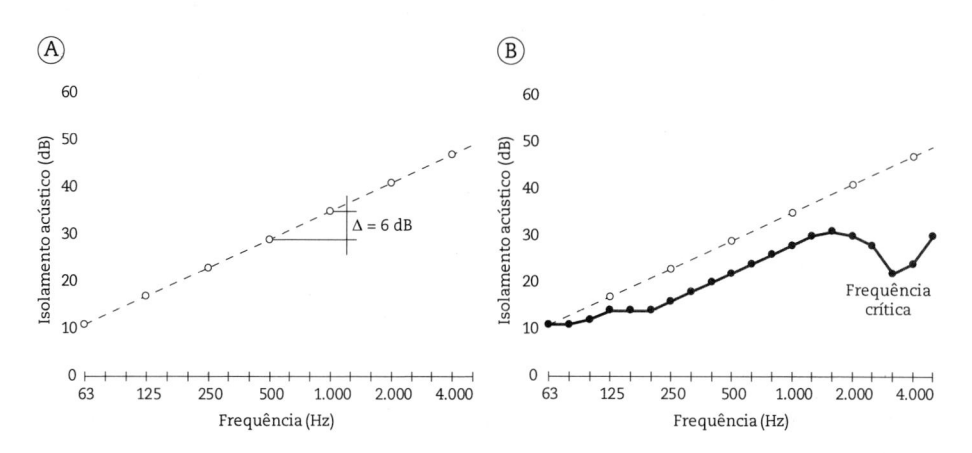

Fig. 7.2 *(A) Isolamento acústico teórico de materiais homogêneos pela lei da frequência e (B) isolamento acústico real de um vidro monolítico de 4 mm*
Fonte: adaptado de AGC (2015).

Tab. 7.3 Frequência crítica do vidro monolítico em diferentes espessuras

Espessura (mm)	Frequência crítica (Hz)
4	3.200
5	2.560
6	2.133
8	1.600
10	1.280
12	1.067
15	853
19	674

Fonte: AGC (2015).

Na Fig. 7.3A é exibido o efeito da lei da massa, segundo a qual, ao dobrar a massa de um material, obtém-se um aumento de 6 dB em seu isolamento acústico. Porém, na faixa de frequência crítica há um decréscimo na atenuação sonora, e já foi visto que essa frequência varia conforme a espessura da chapa de vidro, que resulta em níveis de rigidez diferentes. A variação na frequência crítica é ilustrada na Fig. 7.3B, comparando-se a curva de isolamento acústico para um vidro monolítico de 4 mm e outro de 8 mm. Observa-se que a chapa de vidro de 8 mm apresenta isolamento cerca de 6 dB maior em todas as faixas de frequência. No entanto, as duas curvas possuem uma região de diminuição no isolamento acústico, em torno da frequência crítica. Entre os dois vidros mostrados, a chapa de 4 mm é a menos rígida e, portanto, apresenta um valor mais alto de frequência crítica.

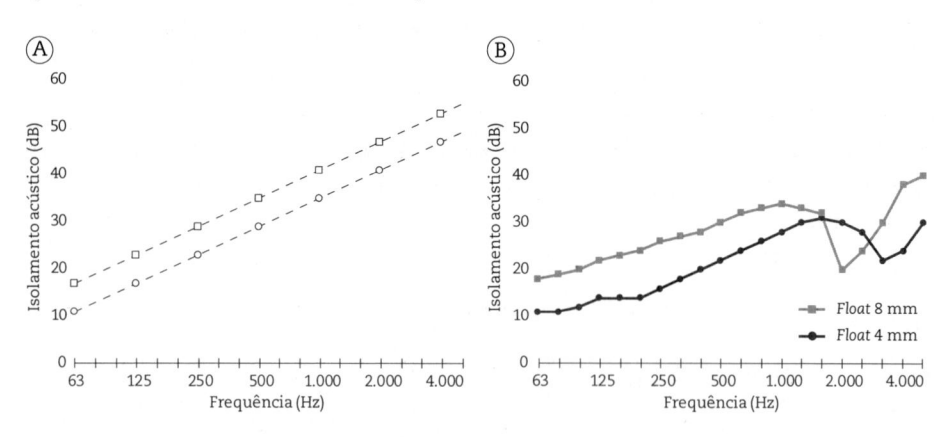

Fig. 7.3 *(A) Isolamento acústico teórico de materiais homogêneos pela lei da massa e (B) isolamento acústico real de duas chapas de vidro de diferentes espessuras*
Fonte: adaptado de AGC (2015).

Esse comportamento sugere que, para obter um bom isolamento acústico em uma ampla faixa de frequências, pode-se utilizar uma composição de vidros com chapas de espessuras diferentes. Assim, um vidro compensa a deficiência de isolamento na frequência crítica do outro. Esse benefício é alcançado com vidros insulados, ou seja, com uma câmara de ar separando as duas chapas. No caso de vidros laminados, a assimetria na espessura das chapas não trará benefício adicional em desempenho acústico além do incremento já provocado pela adição de PVB, EVA ou resina.

Para facilitar a análise comparativa do isolamento acústico de componentes e sistemas construtivos, é comum adotar um indicador numérico único antes de avaliar o desempenho por bandas de oitava. Um dos indicadores mais utilizados é o índice de redução sonora ponderado (R_w), obtido de acordo com a NBR ISO 717-1 (ABNT, 2021). O R_w é calculado a partir dos dados de isolamento acústico (ou redução sonora) do material ou sistema de vedação, medidos em laboratório por banda de oitava conforme a ISO 10140-2 (ISO, 2021).

A NBR ISO 717-1 define também dois termos adicionais para adaptação do R_w em função de espectros sonoros diferenciados. São os termos de adaptação do espectro denominados C e C_{tr}, que correspondem a números inteiros trazidos entre parênteses ao lado do índice R_w, nesta ordem: ($C;C_{tr}$). Cada termo indica uma correção no isolamento acústico do elemento quando submetido a um ruído com espectro diferente. O termo C equivale ao ajuste em face de ruídos com poucas ondas em baixas frequências, representando atividades cotidianas em edificações, conversas e ruído de tráfego ferroviário em média e alta velocidade. O termo de ajuste C_{tr} é mais voltado à caracterização de ruído de tráfego urbano. Assim, se um vidro possui R_w = 34(−1;−4) dB significa que promove uma atenuação sonora de 34 dB em geral, mas 33 dB de atenuação para os espectros semelhantes à conversação e 30 dB de atenuação para o ruído de tráfego urbano. O Quadro 7.1 reproduz uma lista de fontes sonoras correspondentes a cada termo de adaptação do espectro sonoro relacionadas na NBR ISO 717-1. Para vidros e esquadrias em geral, é comum os fabricantes apresentarem ao menos o ajuste C_{tr}, pois é importante conhecer o isolamento acústico das janelas, geralmente aplicadas em fachadas e submetidas ao ruído de tráfego urbano.

Quadro 7.1 Diferentes fontes de ruído relacionadas aos termos de adaptação do espectro para ajuste do R_w

Tipo de fonte de ruído	Termo de adaptação do espectro relevante
Atividades cotidianas (conversas, música, rádio, TV) Crianças brincando Tráfego ferroviário em média e alta velocidade Tráfego rodoviário acima de 80 km/h Aviões a jato em curta distância Fábricas emitindo ruído predominante em médias e altas frequências	C

Quadro 7.1 (continuação)

Tipo de fonte de ruído	Termo de adaptação do espectro relevante
Tráfego rodoviário urbano Tráfego ferroviário em baixa velocidade Aviões a hélice Aviões a jato em longa distância Música eletrônica Fábricas emitindo ruído predominante em baixas e médias frequências	C_{tr}

Fonte: ABNT (2021).

Para o caso de ambientes internos, o Quadro 7.2 indica níveis de isolamento acústico e sua influência na inteligibilidade da fala considerando ruído de fundo de 35 dB ou superior. Para um bom isolamento ou privacidade, o ideal seria obter valores próximos a 45 dB, quando a voz humana pode ser audível, mas não entendida.

Quadro 7.2 Influência do isolamento acústico sobre a inteligibilidade da fala para ambientes com ruído de fundo de 35 dB ou superior

Isolamento acústico	Inteligibilidade da fala
35 dB	Claramente audível: ouve e entende
40 dB	Audível: ouve, mas entende com dificuldade
45 dB	Audível: não entende
≥ 50 dB	Não audível

Fonte: ABNT (2021).

7.3 Vidros laminados e insulados

O vidro laminado tende a proporcionar maior isolamento acústico do que um vidro monolítico de mesma espessura. Isso ocorre devido ao efeito de amortecimento causado pelo PVB entre as chapas de vidro. Em geral, a melhoria no isolamento acústico acontece na faixa da frequência crítica e o desempenho pode ser ainda mais aprimorado com o uso de PVB acústico, que, sendo mais elástico, fornece maior amortecimento da energia sonora no interior do vidro. Como resultado, a frequência crítica é deslocada para a direita nos gráficos de atenuação sonora por banda de oitava, conforme se observa na Fig. 7.4. Nota-se um incremento de 2 dB no índice de redução sonora ponderado (R_w) na mudança do vidro monolítico para o vidro laminado, e um incremento adicional de 3 dB ao trocar o material intermediário para um PVB acústico.

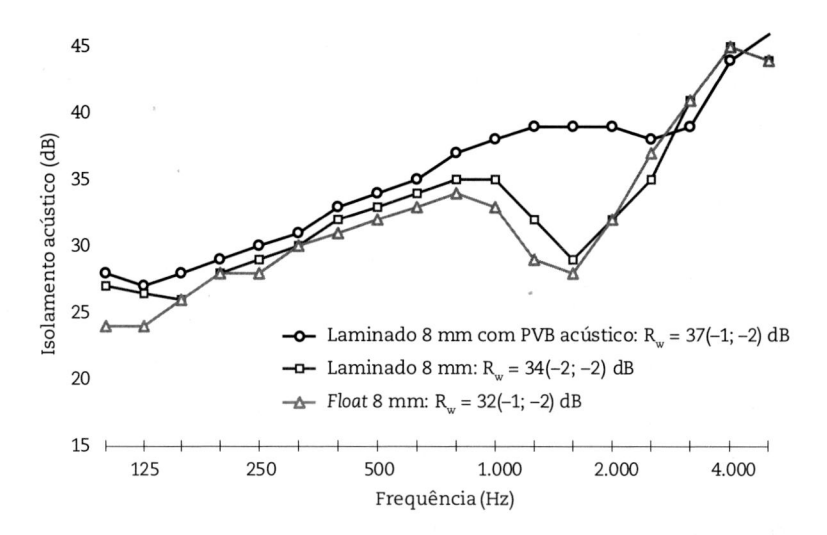

Fig. 7.4 *Comparativo de isolamento acústico de vidros com espessura total de 8 mm monolítico, laminado e laminado com PVB acústico*
Fonte: adaptado de Saint-Gobain Glass (2000).

Vidros assimétricos laminados não resultam em incremento no isolamento acústico. A escolha por chapas de diferentes espessuras geralmente está ligada à disponibilidade de especificações de controle solar em determinada espessura e seu complemento necessário para prover a resistência mecânica desejada para a aplicação. A opção por composições multilaminadas, com mais de duas chapas de vidro, é feita por questões de resistência mecânica e segurança quando se deseja trabalhar com maiores espessuras de vidro. Esse recurso pode ser empregado para aumentar o isolamento total da composição, mas a partir de certo ponto será mais eficaz a utilização de vidros insulados ou janelas duplas.

O desempenho acústico de vidros insulados com chapas de mesma espessura é sempre menor do que o desempenho de vidros monolíticos que resultem em mesma espessura total. A câmara de ar usualmente adotada em vidros insulados, com cerca de 8 mm a 12 mm, provoca um efeito "pistão" que facilita a propagação de ruído em baixas frequências, diminuindo o desempenho do conjunto. Para incrementar o isolamento acústico das composições insuladas, pode-se aumentar a câmara de ar para valores acima de 25 mm ou utilizar chapas com espessuras diferentes, evitando a sobreposição das frequências críticas de cada chapa. É possível adotar ainda composições com vidros laminados com diferentes espessuras. A Fig. 7.5 mostra o isolamento acústico por banda de oitava para duas composições de vidros insulados, uma com chapas de mesma espessura e outra com chapas assimétricas.

Para esta última, observa-se a eliminação do efeito da frequência crítica identificado na composição com chapas simétricas.

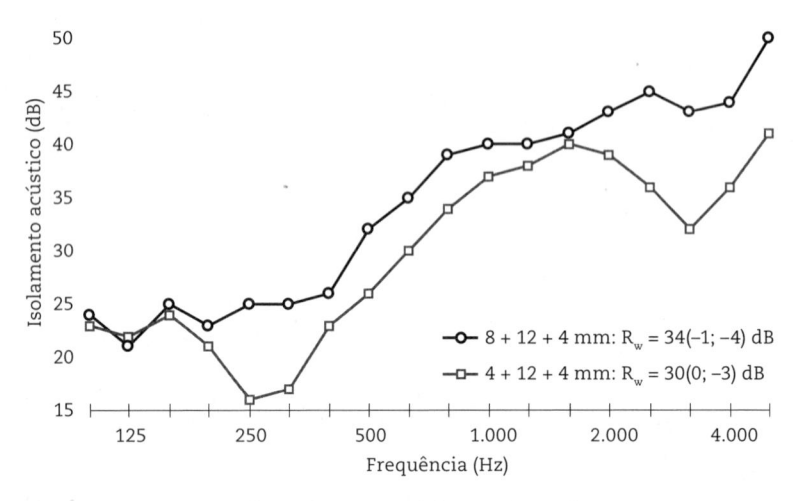

Fig. 7.5 *Comparativo de isolamento acústico de vidros insulados com chapas de mesma espessura e espessuras diferentes*
Fonte: adaptado de Saint-Gobain Glass (2000).

Quanto maior for a espessura da câmara de ar, mais evidenciado será o efeito de desacoplamento entre as duas chapas de vidro e maior será o isolamento da composição. A Fig. 7.6 ilustra esse efeito ao comparar o isolamento acústico de um vidro insulado composto por duas chapas de 4 mm separadas por uma câmara de ar de 12 mm com uma janela dupla com as mesmas espessuras de chapas e uma câmara de ar de 85 mm. Observa-se um incremento de até 15 dB no isolamento acústico da janela dupla nas médias frequências e de cerca de 10 dB nas altas frequências.

A Tab. 7.4 traz os índices de redução sonora ponderado (R_w) e os termos de adaptação do espectro (C e C_{tr}) para diferentes configurações de vidros monolíticos, laminados e insulados. Algumas configurações de vidro apresentam redução sonora superior à de determinadas composições de paredes de alvenaria ou *drywall* executadas no mercado, com R_w superior a 40 dB.

Em resumo, as estratégias que podem ser adotadas para aumentar o isolamento acústico de vidros insulados ou janelas duplas consistem em:
- aumentar a espessura total do conjunto;
- utilizar diferentes espessuras de chapa;
- utilizar vidros laminados na composição;
- adotar câmara de ar com grande espessura.

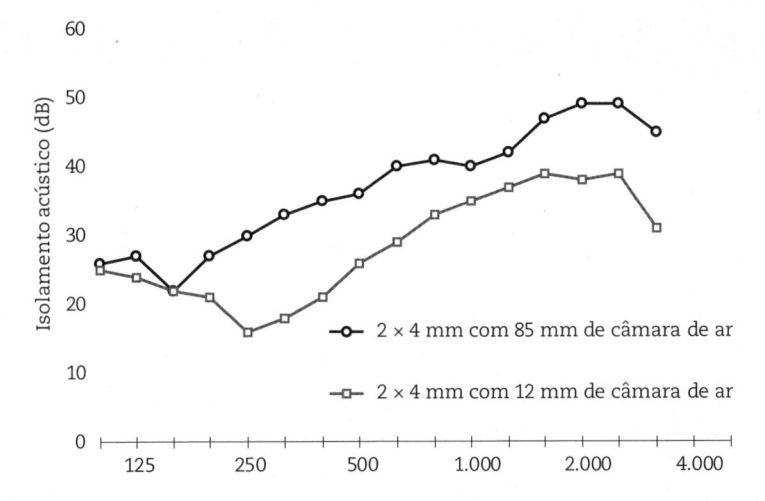

Fig. 7.6 *Comparativo de isolamento acústico de composição de vidro insulada e janela dupla com maior espessura de câmara de ar*
Fonte: adaptado de Rindel (2018).

Tab. 7.4 Isolamento acústico de vidros monolíticos e composições laminadas e insuladas

Composição	R_w	C	C_{tr}	Composição	R_w	C	C_{tr}
Monolíticos				Insulados[2]			
4 mm	30	−2	−2	4(12)4	31	−1	−4
6 mm	32	−1	−2	6(12)6	33	−1	−4
8 mm	33	−1	−2	4(12)6	34	−1	−4
10 mm	35	−1	−2	6(12)8	36	−1	−4
12 mm	36	−1	−2	6(12)44.1	36	−1	−3
Laminados[1]				6(12)44.1A	40	−2	−5
33.1	33	−1	−2	6(12)33.1	33	−2	−5
33.1A	35	0	−3	6(12)33.1A	37	−1	−4
44.1	34	−1	−3	33.1(12)33.1	35	−1	−5
44.1A	37	−1	−3	33.1A(12)33.1A	41	−2	−7
46.1	35	0	−2	33.1(12)44.1	38	−1	−5
55.1	35	−1	−2	33.1A(12)44.1A	43	−2	−7
66.1	38	−1	−3	66.1A(12)66.1A	49	−2	−7
68.1	38	−1	−3	88.1A(12)88.1A	50	−2	−5

[1] As composições laminadas são representadas por dois números indicando a espessura de cada chapa de vidro, começando pelo vidro externo, seguidos por um ponto e um número indicando a quantidade de camadas de PVB. A letra "A" ao lado da composição laminada indica o uso de PVB acústico. Exemplo: 68.1 representa uma composição laminada com vidro externo de 6 mm e interno de 8 mm.
[2] Nas composições insuladas, o número entre parênteses indica a espessura da câmara de ar, em mm.
Fonte: AGC (2022) e Saint-Gobain (2022).

8 COMO ESPECIFICAR

Este capítulo resume os conceitos apresentados ao longo do livro, agrupando as informações para auxílio na escolha e na especificação adequada do vidro plano no projeto de edificações, especialmente daquele aplicado em janelas, coberturas e fachadas.

Como todo material de construção, o vidro exige cuidados na sua especificação, devendo ser observadas não somente as características que proporcionam estética e resistência, como também questões de segurança e conforto ambiental. Dessa forma, pode-se destacar os seguintes requisitos, que devem ser definidos em harmonia para uma aplicação com vidro plano na construção civil:

- estética;
- resistência mecânica;
- segurança;
- isolamento acústico;
- isolamento térmico e ganho de calor solar;
- transmissão de luz e reflexão.

O balanço entre esses requisitos gera conflitos, que precisam ser equacionados a partir do conhecimento técnico acerca dos produtos. A garantia de sucesso de uma solução arquitetônica em vidro depende da boa interação entre arquiteto, projetista de esquadrias e consultoria em eficiência energética. O Quadro 8.1 resume as características importantes a serem definidas pelo arquiteto, em conjunto com os demais agentes envolvidos no projeto. Os parâmetros foram agrupados em três categorias, que serão comentadas ao longo deste capítulo.

Quadro 8.1 Aspectos a serem observados para a especificação adequada dos vidros em edificações

Estética – padrão arquitetônico	Resistência e segurança – dimensões e beneficiamento	Conforto e eficiência – propriedades ópticas
Cor Reflexão luminosa interna Reflexão luminosa externa Absorção luminosa Transmissão luminosa Serigrafia e pintura Curvatura	Espessura Tamanho das chapas Beneficiamento (têmpera, laminação, composição insulada)	Transmissão, reflexão e absorção luminosas e energéticas Transmitância térmica Serigrafia Pintura Beneficiamento (laminação, composição insulada)

8.1 Estética

Certamente, o primeiro parâmetro de escolha de uma aplicação em vidro na arquitetura é a estética e a possibilidade de fechar uma abertura com um elemento transparente, garantindo o contato visual com o exterior, mas com proteção contra os agentes externos – intempéries.

É difícil definir um vidro como sendo "bonito". Há, na verdade, uma aplicação harmônica com o projeto. Essa harmonia é responsabilidade do arquiteto – assim como todas as questões de segurança e conforto. No quesito estética, pode-se destacar os parâmetros descritos no Quadro 8.2, que tornarão o vidro mais evidente e integrado ao projeto arquitetônico.

Quadro 8.2 Parâmetros do vidro plano relacionados à estética

Parâmetro	Orientações	Dicas
Cor	O vidro plano é produzido em quatro cores básicas: incolor, verde, bronze e cinza. Porém, a metalização dos vidros de controle solar pode afetar o aspecto visível do vidro, principalmente se eles forem laminados com a superfície metalizada em contato com o PVB. Além disso, o vidro pode ser pintado ou laminado com PVB colorido, mudando completamente a sua cor.	Recomenda-se a instalação de uma pequena amostra de vidro em obra (chamada *mockup*) para conferir o seu aspecto visível no local. A verificação do *mockup* deve ser feita a diferentes distâncias e ângulos de visão, além de diferentes condições de céu, pois sabe-se que a capacidade de reflexão do vidro muda com o ângulo de incidência da luz.

Quadro 8.2 (continuação)

Parâmetro	Orientações	Dicas
Reflexão luminosa interna e externa	Como visto no Cap. 5, hoje podem ser fabricados vidros com diferentes padrões de reflexão interna e externa. O grau de reflexão é maior quando se olha do lado mais claro para o mais escuro. Dessa forma, os vidros em geral são mais refletivos externamente durante o dia e internamente durante a noite.	O grau de reflexão (ou "espelhamento") do vidro deve ser definido pelo arquiteto, de acordo com o aspecto e a privacidade buscada para o seu projeto. Em geral, índices de reflexão superiores a 25% já resultam em aspecto espelhado marcante. O projetista deve observar também o efeito que a reflexão pode causar no entorno da edificação, procurando evitar o desconforto por ofuscamento. Em algumas situações, a reflexão do sol pode ser benéfica por levar a luz natural a regiões urbanas adensadas.
Absorção luminosa	Quanto maior é a absorção luminosa, mais escuro é o aspecto do vidro. Além de evidenciar a cor do vidro, a absorção mais alta diminui a transmissão luminosa para o interior do ambiente e pode ser útil para evitar problemas de ofuscamento.	Ao optar por um vidro mais escuro, deve-se tomar cuidado para evitar altos níveis de temperatura quando exposto ao sol. Nesses casos, vidros de controle solar e composições insuladas podem contribuir para a diminuição da temperatura superficial do vidro.
Transmissão luminosa	Quanto maior é a transmissão luminosa, maior é a transparência do vidro. É possível obter uma boa transmissão luminosa com baixo ganho de calor utilizando vidros de controle solar, serigrafias e composições insuladas.	No Brasil, há uma grande disponibilidade de luz natural em todo o território nacional. Portanto, a opção por vidros mais transparentes deve ser feita sempre com muito cuidado, levando-se em conta a área de superfície envidraçada. Grandes áreas e vidros de alta transmissão luminosa podem gerar problemas de ofuscamento. Em geral, em fachadas envidraçadas no Brasil utilizam-se especificações de vidro com transmissão luminosa inferior a 40%.
Serigrafia e pintura	A serigrafia em vidro é feita com pintura cerâmica num processo a quente, que confere grande resistência ao desenho. Pode-se gravar diversos padrões de figuras geométricas e imagens, além de cores diferentes, que podem ser estudadas junto à processadora. Evidentemente, a serigrafia pode mudar completamente o aspecto estético da solução em vidro adotada no projeto.	A serigrafia com pontos e listras é comum para garantir o controle da entrada de luz, principalmente na porção mais alta do vidro em fachadas inteiramente envidraçadas. A escolha pelo padrão de figura deve ser feita em conjunto com a processadora de vidro, verificando a viabilidade técnica e econômica do padrão de imagem pretendido. Figuras geométricas simples são mais comuns e econômicas.

Quadro 8.2 (continuação)

Parâmetro	Orientações	Dicas
Curvatura	Complementando a ampla gama de padrões estéticos possíveis com o vidro plano, existe ainda a possibilidade de curvar as chapas, podendo-se gerar vidros curvos laminados, temperados e insulados e a combinação entre eles. A curvatura é feita na processadora.	Existem alguns padrões e raios de curvatura possíveis, por isso é importante estudar as opções técnicas e econômicas viáveis em conjunto com a processadora de vidros.

8.2 Resistência e segurança

8.2.1 Espessura e tamanho das chapas

A definição do tamanho das peças de vidro utilizadas no projeto deve levar em consideração a espessura necessária para promover a resistência a esforços (pressão de ventos e peso próprio), além do aproveitamento mais econômico das chapas originais, fornecidas pelo fabricante de vidros à processadora. Evidentemente, o tamanho das peças também afeta o efeito estético do projeto, pois implica mais ou menos linhas visíveis na fachada e influencia a quantidade de perfis para a fixação dos vidros.

Em geral, os fabricantes fornecem chapas em tamanho padrão de 3.210 mm × 2.200 mm, mas que podem chegar até 6.000 mm × 3.210 mm (as chamadas chapas jumbo). Para um bom aproveitamento da chapa, resultando na menor quantidade possível de perdas, cada processadora elabora um plano de corte, geralmente auxiliado por computador, conforme a Fig. 8.1. Sabendo o tamanho das chapas possíveis e o espaçamento necessário para efetuar cada corte, o arquiteto pode modular o seu projeto para resultar num aproveitamento econômico das chapas fornecidas pelo fabricante.

O vidro plano é fabricado normalmente em chapas com espessura de 2 mm a 19 mm, podendo chegar a 25 mm em situações específicas. Na construção civil, a NBR 7199 (ABNT, 2016) prevê a utilização de vidros com espessura mínima de 3 mm. Quanto maior for o tamanho da chapa de vidro a ser utilizada numa aplicação, maior deverá ser sua espessura para resistir aos esforços solicitantes.

Quando há uma força aplicada a uma placa de vidro, ocorre uma compressão no lado que recebe a força e um esforço de tração no lado oposto. Não apenas a resistência à ruptura deve ser garantida no dimensionamento do vidro, como também a deflexão máxima deve ser atendida, evitando demonstrar um aspecto de insegurança e a movimentação excessiva das bordas, que provocaria prejuízos à sua fixação e estanqueidade.

A Fig. 8.2 ilustra as tensões resultantes numa chapa de vidro plano como consequência da aplicação de uma força em seu centro.

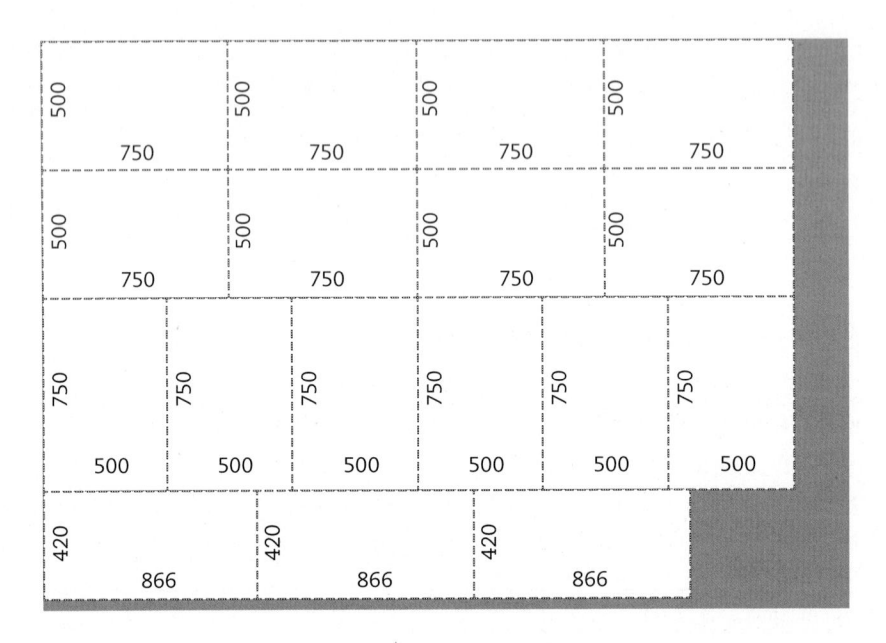

Fig. 8.1 *Exemplo de plano de corte de uma chapa de vidro plano*

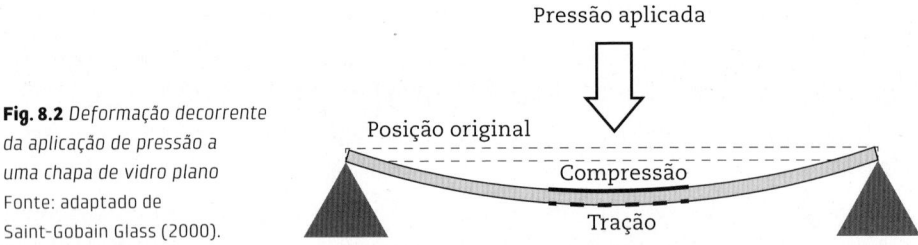

Fig. 8.2 *Deformação decorrente da aplicação de pressão a uma chapa de vidro plano*
Fonte: adaptado de Saint-Gobain Glass (2000).

O vidro é um material elástico, ou seja, não sofre deformação permanente e retorna à posição original quando cessa a força aplicada sobre ele. Porém, é também um material frágil e rompe sem aviso. Apesar dessa fragilidade, o vidro é extremamente resistente à compressão, chegando a suportar pressão de até 1.000 MPa, ou seja, um cubo de 1 cm de lado pode receber uma carga de 10 t sem romper. Essa resistência é 40 vezes superior à do concreto convencional, que suporta cerca de 25 MPa.

O vidro não possui versatilidade de execução *in loco* como o concreto. Não é possível executar uma viga de vidro armada com aço, por exemplo. Por isso, as aplicações em vidro são limitadas pela sua resistência à tração, que é muito menor do que à compressão. Mas o beneficiamento por têmpera ou laminação permite ampliar a resistência à tração e resulta em soluções versáteis para a aplicação dos vidros além das limitações do *float* comum.

As propriedades físicas do vidro *float*, necessárias para o cálculo de espessura e resistência, são apresentadas na NBR 7199 e estão resumidas nas Tabs. 8.1 e 8.2.

Tab. 8.1 Propriedades físicas do vidro *float*

Propriedade		Valor
Módulo de elasticidade		75.000 ± 5.000 MPa
Tensão de ruptura à flexão	Vidro *float*	40 ± 5 MPa
	Vidro temperado	180 ± 20 MPa
Coeficiente de Poisson		0,22
Massa específica		2,5 kg/m² para cada milímetro de espessura
Dureza		Entre 6 e 7 na escala de Mohs
Coeficiente de dilatação linear entre 20 °C e 220 °C		9×10^{-6} K^{-1}
Condutividade térmica a 20 °C		1,00 W/m · K
Calor específico entre 20 °C e 100 °C		790 J/kg · K
Tensão máxima admissível		Ver Tab. 8.2

Fonte: ABNT (2016).

Tab. 8.2 Tensão máxima admissível (MPa)

Tipo de vidro	Apoios	3 s	1 min	1 h	1 dia	1 mês	> 1 ano
Float ou impresso	Quatro bordas	23,3	19,3	14,9	12,4	10,0	7,2
	Qualquer outro tipo de apoio	20,0	15,2	11,7	9,7	7,9	5,7
Temperado	Quatro bordas	93,1	87,5	80,1	75,4	69,8	66,1
	Qualquer outro tipo de apoio	73,0	68,7	62,9	59,2	54,8	51,9

Fonte: ABNT (2016).

Para determinar a tensão máxima admissível, a maior parte das aplicações enquadra-se na coluna de 3 s (rajadas de vento) ou acima de um ano. A NBR 7199 destaca que as tensões intermediárias devem ser consideradas, normalmente, quando o projeto possui necessidades especiais de cálculo ou quando existe a necessidade de redundância, a ser avaliada pelo projetista. A redundância deve ser utilizada em aplicações como pisos de vidro, aquários e visores de piscina, onde deve ser previsto, por segurança, um tempo para a evacuação do local ou o isolamento de áreas.

8.2.2 Cálculo para determinação da espessura

A espessura e o tipo de beneficiamento (laminação ou têmpera) devem ser definidos adequadamente para cada aplicação, segundo o procedimento descrito em norma. Como as normas passam por revisões periódicas, recomenda-se a consulta sempre à versão vigente da norma de cálculo para a aplicação do método com segurança.

Inicialmente, a NBR 7199 apresenta o método de cálculo dos esforços solicitantes: ação de vento e peso próprio. A pressão devida à ação do vento deve ser determinada segundo a NBR 6123 (ABNT, 1988). Para edificações de forma geométrica simples, como um paralelepípedo, pode-se seguir o procedimento a seguir.

Cálculo da pressão de vento P_v

Calcula-se a velocidade característica do vento (V_k) para obter a pressão dinâmica (q) e a pressão de ação do vento (P_v).

$$V_k = V_0 \cdot S_1 \cdot S_2 \cdot S_3 \qquad (8.1)$$

em que:
V_k é a velocidade característica do vento, em metros por segundo (m/s);
V_0 é a velocidade básica do vento, em metros por segundo (m/s);
S_1 é um fator topográfico adimensional obtido na NBR 6123 e descrito a seguir;
S_2 é um fator adimensional que considera a rugosidade do terreno, as dimensões da edificação em estudo ou de parte dela e a variação da velocidade do vento em função da altura acima do solo, obtido na NBR 6123 e descrito a seguir;
S_3 é um fator probabilístico adimensional obtido na NBR 6123 e descrito a seguir.

A pressão dinâmica pode ser calculada com base em:

$$q = 0{,}613 \cdot V_k^2 \qquad (8.2)$$

Por fim, determina-se a pressão de ação do vento por meio de:

$$P_v = C \cdot q \qquad (8.3)$$

em que:

P_v é a ação do vento, em pascals (Pa);

C é o coeficiente de forma (coeficiente aerodinâmico que leva em conta a posição do envidraçamento e as dimensões da edificação), adimensional;

q é a pressão dinâmica do vento, em pascals (Pa).

Para o cálculo da velocidade característica do vento, a primeira informação a obter é a velocidade básica do vento (V_0) na localidade da edificação. Essa velocidade corresponde ao valor medido em rajadas de 3 s de duração, excedida em média uma vez em 50 anos, a 10 m acima do terreno, em campo aberto e plano. Seu valor pode ser extraído do mapa de isopletas (linhas de mesma velocidade de vento) da NBR 6123, reproduzido na Fig. 8.3. Os números indicados junto aos pontos no mapa correspondem às estações meteorológicas de onde se extraíram os dados e que são listadas no Anexo C da norma.

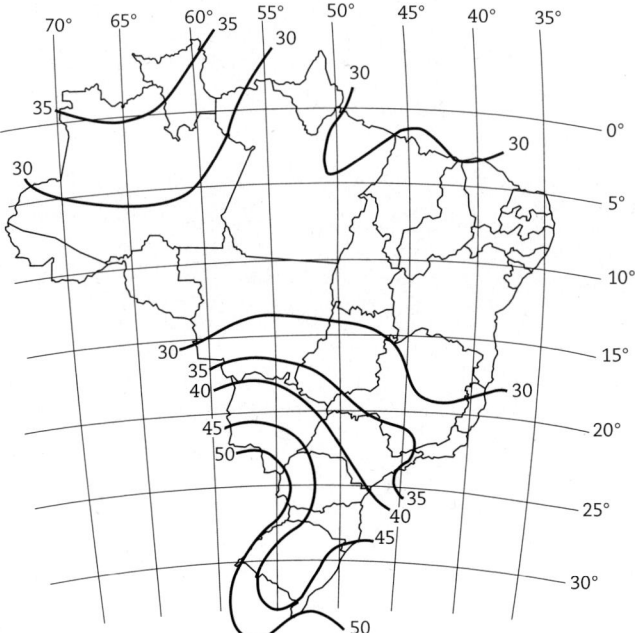

Fig. 8.3 *Isopletas da velocidade básica de vento V_0 (m/s)*
Fonte: adaptado de ABNT (1988).

O fator topográfico S_1 leva em consideração as variações do relevo do terreno e é determinado conforme descrito no Quadro 8.3. Para condições de relevo mais complexas ou onde sua influência exige maior precisão, a norma recomenda ensaios em túnel de vento ou medições no local.

Quadro 8.3 Definição dos valores de S_1 em função do tipo de topografia do terreno

Tipo de topografia				Valor de S_1
Terreno plano ou fracamente acidentado				1,0
Vales profundos, protegidos de ventos de qualquer direção				0,9
Taludes e morros (figuras a seguir)	No ponto A (morros) e nos pontos A e C (taludes)			1,0
	No ponto B	$\theta \leq 3°$		1,0
		$6° \leq \theta \leq 17°$		$S_1 = 1{,}0 + \left(2{,}5 - \dfrac{z}{d}\right) tg\,(\theta - 3°) \geq 1$
		$\theta \geq 45°$		$S_1 = 1{,}0 + \left(2{,}5 - \dfrac{z}{d}\right) 0{,}31 \geq 1$
	Interpolar linearmente para $3° < \theta < 6°$ e $17° < \theta < 45°$. Interpolar linearmente entre A e B e entre B e C.			

Taludes:

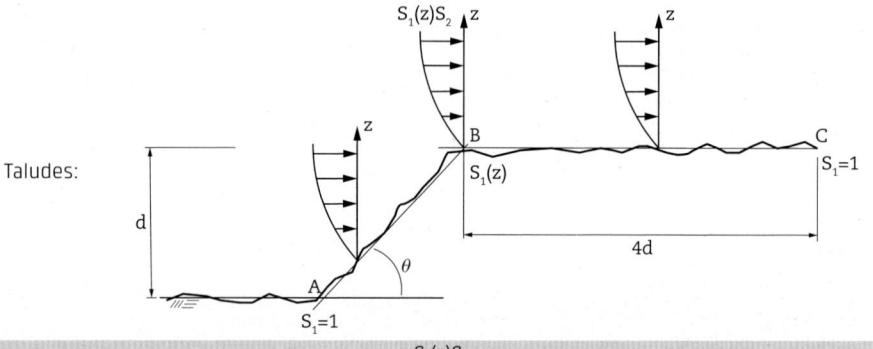

Morros:

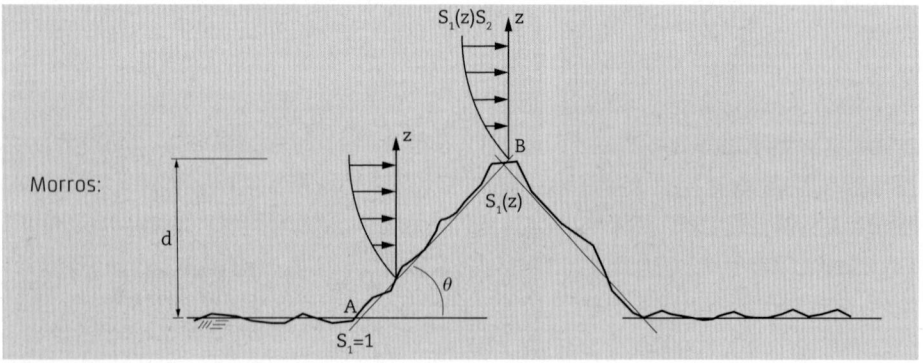

em que:
z é a altura medida a partir da superfície do terreno no ponto considerado, em metros (m);
d é a diferença de nível entre a base e o topo do talude ou do morro, em metros (m);
θ é a inclinação média do talude ou da encosta do morro, em graus.

Fonte: adaptado de ABNT (1988).

O fator de rugosidade do terreno S_2 considera a variação da velocidade do vento em função da altura acima do solo, as dimensões da edificação ou de parte dela e a rugosidade do terreno de seu entorno. Esta última é classificada pela norma em cinco categorias, ilustradas no Quadro 8.4.

Quadro 8.4 Categorias de rugosidade de terreno

Descrição da categoria	Exemplos	Ilustração
Categoria I Superfícies lisas de grandes dimensões, com mais de 5 km de extensão, medida na direção e no sentido do vento incidente.	• Mar calmo. • Lagos e rios. • Pântanos sem vegetação.	
Categoria II Terrenos abertos em nível ou aproximadamente em nível, com poucos obstáculos isolados, tais como árvores e edificações baixas. A cota média do topo dos obstáculos é considerada inferior ou igual a 1,0 m.	• Zonas costeiras planas. • Pântanos com vegetação rala. • Campos de aviação. • Pradarias e várzeas. • Fazendas sem cercas ou muros.	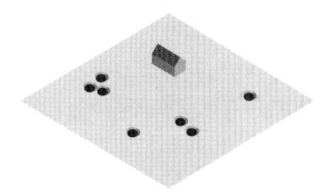
Categoria III Terrenos planos ou ondulados com obstáculos, tais como cercas e muros, poucas árvores, e edificações baixas e esparsas. A cota média do topo dos obstáculos é considerada igual a 3,0 m.	• Granjas e casas de campo, com exceção das partes com matos. • Fazendas com cercas ou muros. • Subúrbios a considerável distância do centro, com casas baixas e esparsas.	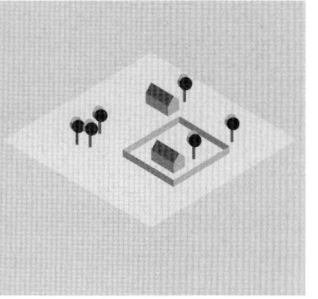
Categoria IV Terrenos cobertos por obstáculos numerosos e pouco espaçados, em zona florestal, industrial ou urbanizada. A cota média do topo dos obstáculos é considerada igual a 10,0 m. Esta categoria também inclui zonas com obstáculos maiores e que ainda não podem ser consideradas como da categoria V.	• Zonas de parques e bosques com muitas árvores. • Cidades pequenas e seus arredores. • Subúrbios densamente construídos de grandes cidades. • Áreas industriais plena ou parcialmente desenvolvidas.	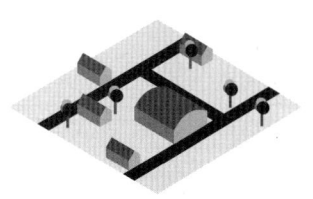

Quadro 8.4 (continuação)

Descrição da categoria	Exemplos	Ilustração
Categoria V Terrenos cobertos por obstáculos numerosos, grandes, altos e pouco espaçados. A cota média do topo dos obstáculos é considerada igual ou superior a 25,0 m.	• Florestas com árvores altas, de copas isoladas. • Centros de grandes cidades. • Complexos industriais bem desenvolvidos.	

Fonte: adaptado de ABNT (1988).

As dimensões da edificação ou de parte dela, necessárias para a determinação de S_2, são divididas em classes pela NBR 6123, conforme mostrado no Quadro 8.5.

Quadro 8.5 Classes de edificação conforme suas dimensões

Classe	Descrição
Classe A	Todas as unidades de vedação, seus elementos de fixação e peças individuais de estruturas sem vedação. Toda edificação cuja maior dimensão horizontal ou vertical não exceda 20 m.
Classe B	Toda edificação ou parte de edificação cuja maior dimensão horizontal ou vertical da superfície frontal esteja entre 20 m e 50 m.
Classe C	Toda edificação ou parte de edificação cuja maior dimensão horizontal ou vertical da superfície frontal exceda 50 m.

Fonte: ABNT (1988).

Com base na categoria de relevo e na classe de edificação, pode-se identificar o valor de S_2 segundo a Tab. 8.3.

Tab. 8.3 Valores de S_2 em função da categoria de terreno e da classe de edificação

z (m)	Categoria														
	I			II			III			IV			V		
	Classe			Classe			Classe			Classe			Classe		
	A	B	C	A	B	C	A	B	C	A	B	C	A	B	C
≤ 5	1,06	1,04	1,01	0,94	0,92	0,89	0,88	0,86	0,82	0,79	0,76	0,73	0,74	0,72	0,67
10	1,10	1,09	1,06	1,00	0,98	0,95	0,94	0,92	0,88	0,86	0,83	0,80	0,74	0,72	0,67
15	1,13	1,12	1,09	1,04	1,02	0,99	0,98	0,96	0,93	0,90	0,88	0,84	0,79	0,76	0,72
20	1,15	1,14	1,12	1,06	1,04	1,02	1,01	0,99	0,96	0,93	0,91	0,88	0,82	0,80	0,76

Tab. 8.3 (continuação)

z (m)	Categoria														
	I			II			III			IV			V		
	Classe			Classe			Classe			Classe			Classe		
	A	B	C	A	B	C	A	B	C	A	B	C	A	B	C
30	1,17	1,17	1,15	1,10	1,08	1,06	1,05	1,03	1,00	0,98	0,96	0,93	0,87	0,85	0,82
40	1,20	1,19	1,17	1,13	1,11	1,09	1,08	1,06	1,04	1,01	0,99	0,96	0,91	0,89	0,86
50	1,21	1,21	1,19	1,15	1,13	1,12	1,10	1,09	1,06	1,04	1,02	0,99	0,94	0,93	0,89
60	1,22	1,22	1,21	1,16	1,15	1,14	1,12	1,11	1,09	1,07	1,04	1,02	0,97	0,95	0,92
80	1,25	1,24	1,23	1,19	1,18	1,17	1,16	1,14	1,12	1,10	1,08	1,06	1,01	1,00	0,97
100	1,26	1,26	1,25	1,22	1,21	1,20	1,18	1,17	1,15	1,13	1,11	1,09	1,05	1,03	1,01
120	1,28	1,28	1,27	1,24	1,23	1,22	1,20	1,20	1,18	1,16	1,14	1,12	1,07	1,06	1,04
140	1,29	1,29	1,28	1,25	1,24	1,24	1,22	1,22	1,20	1,18	1,16	1,14	1,10	1,09	1,07
160	1,30	1,30	1,29	1,27	1,26	1,25	1,24	1,23	1,22	1,20	1,18	1,16	1,12	1,11	1,10
180	1,31	1,31	1,31	1,28	1,27	1,27	1,26	1,25	1,23	1,22	1,20	1,18	1,14	1,14	1,12
200	1,32	1,32	1,32	1,29	1,28	1,28	1,27	1,26	1,25	1,23	1,21	1,20	1,16	1,16	1,14
250	1,34	1,34	1,33	1,31	1,31	1,31	1,30	1,29	1,28	1,27	1,25	1,23	1,20	1,20	1,18
300	-	-	-	1,34	1,33	1,33	1,32	1,32	1,31	1,29	1,27	1,26	1,23	1,23	1,22
350	-	-	-	-	-	-	1,34	1,34	1,33	1,32	1,30	1,29	1,26	1,26	1,26
400	-	-	-	-	-	-	-	-	-	1,34	1,32	1,32	1,29	1,29	1,29
420	-	-	-	-	-	-	-	-	-	1,35	1,35	1,33	1,30	1,30	1,30
450	-	-	-	-	-	-	-	-	-	-	-	-	1,32	1,32	1,32
500	-	-	-	-	-	-	-	-	-	-	-	-	1,34	1,34	1,34

Fonte: ABNT (1988).

Na falta de uma norma específica sobre segurança nas edificações ou de indicações correspondentes na norma de estruturas, os valores mínimos de S_3 são indicados na NBR 6123, conforme a Tab. 8.4. O fator S_3 foi determinado com base em análise estatística, considerando o grau de segurança requerido e a vida útil da edificação. Esses valores da tabela foram definidos para um nível de probabilidade de 63% de que a velocidade V_0 seja igualada ou excedida num período de vida útil de 50 anos. Para outras condições, o Anexo B da norma apresenta um método de cálculo.

Tab. 8.4 Valores mínimos do fator estatístico S_3

Grupo	Descrição	S_3
1	Edificações cuja ruína total ou parcial pode afetar a segurança ou a possibilidade de socorro a pessoas após uma tempestade destrutiva (hospitais, quartéis de bombeiros e de forças de segurança, centrais de comunicação etc.)	1,10
2	Edificações para hotéis e residências. Edificações para comércio e indústria com alto fator de ocupação	1,00
3	Edificações e instalações industriais com baixo fator de ocupação (depósitos, silos, construções rurais etc.)	0,95
4	Vedações (telhas, vidros, painéis de vedação etc.)	0,88
5	Edificações temporárias. Estruturas dos grupos 1 a 3 durante a construção	0,83

Fonte: ABNT (1988).

Definida a velocidade característica do vento, pode-se calcular a pressão dinâmica (q) e, na sequência, a ação do vento (P_v). Para isso, é necessário determinar o coeficiente de forma (C), que leva em conta a posição do envidraçamento e as dimensões da edificação. De forma simplificada, é possível usar os valores da Tab. 8.5, elaborada de acordo com o procedimento definido na NBR 6123 para edificações retangulares com áreas de abertura regularmente distribuídas nas quatro fachadas.

Tab. 8.5 Valores do coeficiente de forma (C) para edificações paralelepipédicas ou a elas assemelhadas

Altura relativa	C em todas as fachadas	
	Zonas Y	Demais zonas
$h/b < 1/2$	1,7	1,5
$1/2 < h/b < 3/2$	2,0	1,6
$h/b > 3/2$	2,2	1,8

$Y = 0,2 \cdot b$ ou $0,2 \cdot h$ (adotar o menor dos dois)

Fonte: adaptado de ABNT (1988).

Determinação da pressão de cálculo P

Na sequência, é determinada a pressão de cálculo, levando-se em conta também o peso próprio do vidro, no caso de instalações não verticais.

A equação a seguir é aplicada para o cálculo da pressão devida ao peso próprio.

$$P_p = 25 \cdot e_p \tag{8.4}$$

em que:

P_p é a pressão de carga resultante do peso próprio do vidro por unidade de área, em pascals (Pa);

25 é o resultado da multiplicação $m \cdot g$, sendo m a massa específica do vidro (2,5 kg/m² para cada milímetro de espessura) e g a aceleração da gravidade;

e_p é a soma das espessuras nominais da composição preestabelecida (hipótese) do vidro para o cálculo do peso próprio, em milímetros (mm).

A pressão de cálculo (P) pode então ser obtida, considerando a combinação dos efeitos da pressão de vento e do peso próprio. No caso de envidraçamentos onde não haja esforços devidos ao vento, ou seja, vidros internos, deve-se levar em conta uma pressão de cálculo de 600 Pa, no mínimo. Para vidros verticais, o peso próprio é desconsiderado. O Quadro 8.6 lista as equações utilizadas para determinar a pressão de cálculo de vidros externos e internos, instalados na posição vertical ou inclinada.

Quadro 8.6 Equações para determinação da pressão de cálculo (P) em função da localização e da posição do vidro

Localização e posição do vidro		Equações
Vidros externos	Verticais	$P = 1,5 \cdot P_v$
	Inclinados	$P = 1,5 \cdot P_v$ ou $P = 1,2 \cdot \left(P_v + \alpha \cdot P_p \cdot \cos\theta\right)$ (adotar o maior valor entre os dois)
Vidros internos	Verticais	$P = 600$
	Inclinados	$P = 4,7 \cdot P_p$ ou $P = 600 + P_p$ (adotar o maior valor entre os dois)

em que:
P é a pressão de cálculo, em pascals (Pa);
P_v é a pressão devida ao vento, em pascals (Pa);
P_p é a pressão devida ao peso próprio, em pascals (Pa);
θ é o menor ângulo que a chapa de vidro pode formar com a horizontal;
α é o coeficiente de majoração aplicado para considerar o peso próprio do vidro como carga permanente. Adota-se α = 1 para vidro temperado e α = 2 para os demais tipos de vidro.

Cálculo da espessura e_1

Definida a pressão de cálculo, a espessura (e_1) do vidro pode ser calculada aplicando-se uma das equações listadas no Quadro 8.7. As equações indicam a espessura mínima para a chapa de vidro retangular em função das condições de fixação. Para o cálculo de chapas não retangulares, deve-se considerar as dimensões de um retângulo onde essa chapa possa ser inscrita, conforme o procedimento descrito no Anexo A da NBR 7199. É importante salientar que essas equações não se aplicam a sistemas estruturais em vidro, para os quais se recomenda o cálculo por simulação computacional.

Quadro 8.7 Equações para cálculo da espessura e_1 do vidro em função das condições de fixação da chapa

Esquema de fixação	Equação
Vidro apoiado em quatro lados, onde $L/l \leq 2{,}5$:	$e_1 = \sqrt{\dfrac{S \cdot P}{100}}$
Vidro apoiado em quatro lados, onde $L/l > 2{,}5$:	$e_1 = \dfrac{l \cdot \sqrt{P}}{6{,}3}$
Vidro apoiado em três lados, onde a borda livre é a do lado menor:	$e_1 = \dfrac{l \cdot \sqrt{P}}{6{,}3}$
Vidro apoiado em três lados, onde a borda livre é a do lado maior e $L/l \leq 7{,}5$:	$e_1 = \sqrt{\dfrac{L \cdot 3 \cdot l \cdot P}{100}}$
Vidro apoiado em três lados, onde a borda livre é a do lado maior e $L/l > 7{,}5$:	$e_1 = \dfrac{3 \cdot l \cdot \sqrt{P}}{6{,}3}$

Quadro 8.7 (continuação)

Esquema de fixação	Equação
Vidro apoiado em dois lados opostos, onde a borda livre é a do lado maior:	$e_1 = \dfrac{L \cdot \sqrt{P}}{6,3}$
Vidro apoiado em dois lados opostos, onde a borda livre é a do lado menor:	$e_1 = \dfrac{L \cdot \sqrt{P}}{6,3}$

em que:
e_1 é a espessura do vidro, em milímetros (mm);
L é o maior lado do vidro, em metros (m);
l é o menor lado do vidro, em metros (m);
S é a área do vidro, em metros quadrados (m²);
P é a pressão de cálculo, em pascals (Pa).

Fonte: adaptado de ABNT (1988).

Aplicação do fator de redução c

Após a utilização de uma das equações do Quadro 8.7, a espessura e_1 deve ser multiplicada pelo fator de redução c, de acordo com as condições:
- fator de redução c = 0,9 para todos os vidros externos no piso térreo onde a extremidade superior está a menos de 6 m em relação ao piso;
- fator de redução c = 1,0 para os demais casos.

Verificação da resistência

Para determinar o tipo de vidro e sua espessura, deve-se proceder à verificação da resistência por meio do cálculo da espessura equivalente, conforme:

$$e_R \geq e_1 \cdot c \tag{8.5}$$

em que:
e_R é a espessura equivalente para verificação da resistência, em milímetros (mm);
e_1 é a espessura do vidro, calculada anteriormente em milímetros (mm);
c é o fator de redução, adimensional.

A verificação e todo o cálculo de espessura são feitos por iterações. Determina-se um tipo de vidro ou composição e a espessura de cada chapa. Na sequência, identifica-se o fator de equivalência ε segundo a composição do vidro e seus componentes. Calcula-se a espessura equivalente e_R e procede-se à verificação de acordo com a Eq. 8.5. Caso a condição não seja atendida, deve-se selecionar nova espessura de vidro ou composição.

Para definir a espessura da chapa, é necessário consultar o fabricante ou a distribuidora de vidro para saber as espessuras comerciais disponíveis em função do tipo de vidro escolhido. Alguns vidros coloridos e de controle solar são fornecidos em apenas algumas espessuras. Deve-se considerar também que a NBR NM 294 (ABNT, 2004b) permite tolerâncias na variação da espessura decorrente do processo de fabricação, e o cálculo deve prever essas possíveis diferenças. Além disso, é preciso verificar as questões de segurança e a necessidade de beneficiamento do vidro a depender do local onde será aplicado, podendo ser obrigatório o uso de vidro laminado, temperado ou aramado. As espessuras comerciais do vidro *float* e do vidro impresso, bem como as tolerâncias de fabricação, são apresentadas na Tab. 8.6. Em edificações, a NBR 7199 não permite o uso de espessura inferior a 3 mm.

Tab. 8.6 Espessuras disponíveis e tolerâncias de fabricação do vidro *float* e do vidro impresso

Espessura do vidro *float* (mm)	Tolerância (mm)	Espessura do vidro impresso (mm)	Tolerância (mm)
3; 4; 5; 6	± 0,2	2; 3	± 0,5
8; 10; 12	± 0,3	3,5; 4; 4,5; 5; 5,5; 6; 6,5; 7,5	± 0,6
15	± 0,5	8; 9,5	± 0,8
19; 25	± 1,0	10; 12; 15; 19	± 1,0

Fonte: ABNT (2004b, 2004d).

Cálculo da espessura equivalente para verificação da resistência e_R

Para o cálculo da espessura equivalente, é preciso determinar os fatores de equivalência ε, conforme o tipo de composição e beneficiamento do vidro (Tab. 8.7). A referência é o vidro *float*, com fator $\varepsilon = 1,0$. A partir desse vidro, pode-se ter um fator de equivalência inferior a 1,0, no caso do vidro temperado, indicando ser um vidro mais resistente e que poderia ter a sua espessura equivalente reduzida. Nas demais situações, o fator de equivalência é superior a 1,0, indicando ser necessário aumentar a espessura calculada para o vidro *float* como referência.

Tab. 8.7 Fator de equivalência ε em função do tipo de vidro

Vidros insulados	Fator de equivalência ε_1
Insulado com dois vidros	1,60
Insulado com três vidros	2,00
Vidros laminados	**Fator de equivalência ε_2**
Laminado com dois vidros	1,30
Laminado com três vidros	1,50
Laminado com quatro ou mais vidros	1,60
Vidros monolíticos	**Fator de equivalência ε_3**
Float comum	1,00
Impresso	1,10
Aramado	1,30
Temperado	0,77

Fonte: ABNT (2016).

Aplica-se então uma das equações listadas no Quadro 8.8, dependendo do tipo de composição de vidro prevista.

Quadro 8.8 Equações para cálculo da espessura equivalente para verificação da resistência

Composição	Equação	
Monolítico	$e_R = \dfrac{e_i}{\varepsilon_3}$	e_i é a espessura nominal, em milímetros (mm); ε_3 é o fator de equivalência do vidro monolítico.
Laminado	$e_R = \dfrac{e_i + e_j + ... + e_n}{0{,}9 \cdot \varepsilon_2 \cdot MAX(\varepsilon_3)}$	$e_i + e_j + ... + e_n$ é a soma das espessuras, em milímetros (mm); ε_2 é o fator de equivalência do vidro laminado; ε_3 é o fator de equivalência do vidro monolítico; $MAX(\varepsilon_3)$ é o valor máximo do fator ε_3.
Insulado de monolíticos	$e_R = \dfrac{e_i + e_j}{0{,}9 \cdot \varepsilon_1 \cdot MAX(\varepsilon_3)}$	$e_i + e_j$ é a soma das espessuras nominais, em milímetros (mm); ε_1 é o fator de equivalência do vidro insulado; ε_3 é o fator de equivalência do vidro monolítico; $MAX(\varepsilon_3)$ é o valor máximo do fator ε_3.

Quadro 8.8 (continuação)

Composição	Equação
Insulado de monolítico e laminado	$e_R = \dfrac{e_i + \dfrac{e_j + e_k}{0{,}9 \cdot \varepsilon_2}}{0{,}9 \cdot \varepsilon_1 \cdot \text{MAX}(\varepsilon_3)}$ — e_i é a espessura do vidro monolítico, em milímetros (mm); $e_j + e_k$ é a soma das espessuras nominais do vidro laminado, em milímetros (mm); ε_1 é o fator de equivalência do vidro insulado; ε_2 é o fator de equivalência do vidro laminado; ε_3 é o fator de equivalência do vidro monolítico; $MAX(\varepsilon_3)$ é o valor máximo do fator ε_3.
Insulado de laminados	$e_R = \dfrac{\dfrac{e_i + e_j}{0{,}9 \cdot \varepsilon_2} + \dfrac{e_k + e_l}{0{,}9 \cdot \varepsilon_2}}{0{,}9 \cdot \varepsilon_1 \cdot \text{MAX}(\varepsilon_3)}$ — $e_i + e_j$ é a soma das espessuras nominais do vidro laminado, em milímetros (mm); $e_k + e_l$ é a soma das espessuras nominais do vidro laminado, em milímetros (mm); ε_1 é o fator de equivalência do vidro insulado; ε_2 é o fator de equivalência do vidro laminado; ε_3 é o fator de equivalência do vidro monolítico; $MAX(\varepsilon_3)$ é o valor máximo do fator ε_3.

Fonte: ABNT (2016).

Verificação da flecha f

Definida a espessura final do vidro, é necessário verificar ainda a flecha admissível. Na análise de estruturas, *flecha* significa a deformação máxima de uma barra ou chapa quando há a aplicação de uma força. A NBR 7199 apresenta a equação a seguir para o cálculo da flecha, bem como os critérios admissíveis, representados na Tab. 8.8 em função do tipo de composição do vidro e suas dimensões.

$$f = \alpha \cdot \frac{P}{1{,}5} \cdot \frac{b^4}{e_F^3} \tag{8.6}$$

em que:

f é a flecha, em milímetros (mm);

α é o coeficiente de deformação (ver Tab. 8.9);

b é o lado menor, em metros (m), no caso de vidro apoiado em quatro lados ou o tamanho da borda livre para vidro apoiado em dois ou três lados;

P é a pressão de cálculo, em pascais (Pa);

e_F é a espessura equivalente, correspondente à soma das espessuras dos vidros monolíticos ou laminados, dividida pelos respectivos fatores de equivalência, em milímetros (mm).

Tab. 8.8 Flecha (deformação) admissível

Tipo de vidro e instalação	Flecha admissível no centro (mm)
Vidro exterior apoiado no perímetro	$l/60$ do menor lado, limitada a 30 mm
Vidro monolítico ou laminado com um lado livre	$l/100$ da borda livre, limitada a 50 mm
Vidro insulado com um lado livre	$l/150$ da borda livre, limitada a 50 mm

Nota: para o caso de aplicações de vidros apoiados em dois lados (não estruturais), a flecha admissível deve ser definida na etapa do projeto e acordada entre as partes.

Fonte: ABNT (2016).

Os coeficientes de deformação são definidos pela NBR 7199 em função das condições de instalação das chapas de vidro, conforme a Tab. 8.9. Caso o valor calculado para a flecha ultrapasse a deformação admissível pela norma, deve-se ajustar a espessura da chapa de vidro ou mudar suas dimensões e condições de instalação. Então, deve-se refazer os cálculos para as novas condições, até que os valores de deformação fiquem dentro do permitido.

Tab. 8.9 Coeficientes de deformação α para cálculo da flecha

Vidro apoiado em quatro lados	l/L	α
	1,0	0,6571
	0,9	0,8000
	0,8	0,9714
	0,7	1,1857
	0,6	1,4143
	0,5	1,6429
	0,4	1,8714
	0,3	2,1000
	0,2	2,1000
	0,1	2,1143
	< 0,1	2,1143

Tab. 8.9 (continuação)

Vidro com apoio contínuo em três lados	L/b	Borda livre α
	0,300	0,68571
	0,333	0,73143
	0,350	0,80000
	0,400	0,91429
	0,500	1,14286
	0,667	1,51429
	0,700	1,56286
	0,800	1,71000
	0,900	1,85714
	1,000	2,00000
	1,100	2,05714
	1,200	2,11429
	1,300	2,17143
	1,400	2,22857
	1,500	2,18571
	1,750	2,31429
	2,000	2,35714
	3,000	2,37143
	4,000	2,38571
	5,000	2,38571
	> 5	2,38571
Vidro apoiado em dois lados opostos		$\alpha = 2,1143$

Fonte: adaptado de ABNT (2016).

8.2.3 Resumo do procedimento de cálculo

O fluxograma da Fig. 8.4 resume as etapas de cálculo da espessura do vidro conforme o procedimento previsto na NBR 7199.

Determinação da pressão do vento – NBR 6123

- Calcular velocidade característica do vento (V_k)
  - Determinar V_0
  - Definir fator topográfico S_1
  - Definir fator de rugosidade S_2
  - Definir fator probabilístico S_3
- Calcular pressão dinâmica do vento (q)
- Calcular pressão de ação do vento (P_v)
  - Definir coeficiente de forma (C)

Determinar pressão de cálculo P

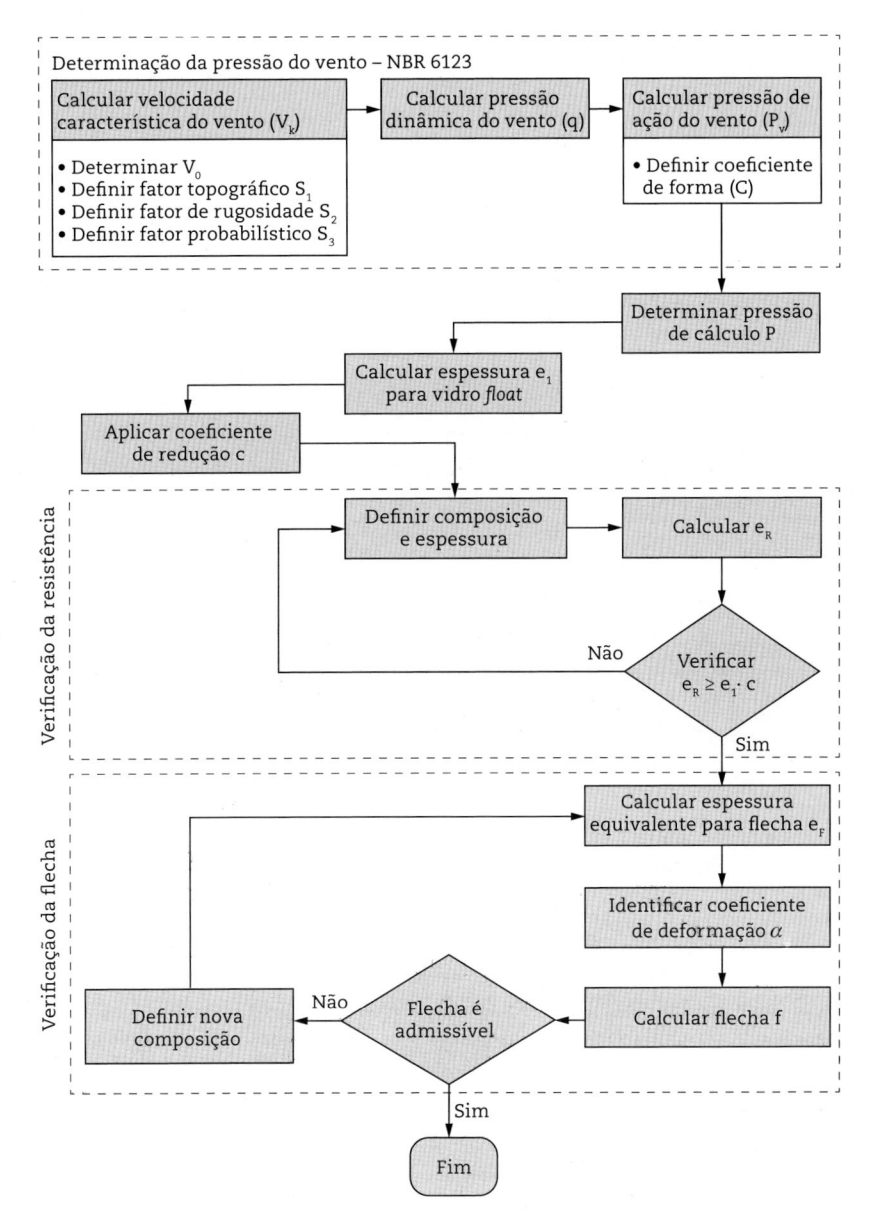

Verificação da resistência
- Calcular espessura e_1 para vidro *float*
- Aplicar coeficiente de redução c
- Definir composição e espessura
- Calcular e_R
- Verificar $e_R \geq e_1 \cdot c$ (Não → volta; Sim → segue)

Verificação da flecha
- Calcular espessura equivalente para flecha e_F
- Identificar coeficiente de deformação α
- Calcular flecha f
- Flecha é admissível (Não → Definir nova composição; Sim → Fim)

Fig. 8.4 *Fluxograma de cálculo da espessura de vidro conforme procedimento descrito na NBR 7199*

8.2.4 Segurança: aplicações

O vidro *float* na composição monolítica pode ser aplicado em situações em que há baixa possibilidade de quebra com riscos à integridade física das pessoas. Visando garantir a segurança no uso de vidros em edificações, a NBR 7199 estabelece os critérios gerais de instalação e as aplicações onde são requeridos os vidros de segurança – laminados de segurança, temperados e aramados. Esses critérios estão descritos no Cap. 3.

8.3 Conforto ambiental e eficiência energética

O padrão estético do vidro no projeto arquitetônico tem relação direta com o conforto ambiental e a eficiência energética pretendida, mas não é necessariamente determinante no nível de desempenho do projeto. Com a diversidade de produtos de controle solar existentes no mercado, é possível alcançar bons padrões de conforto e eficiência e atender aos critérios anteriores: estética e segurança.

A área do fechamento transparente, a orientação solar e a localidade do projeto são condicionantes para a definição das propriedades térmicas e lumínicas do vidro a ser utilizado, bem como dos elementos de proteção e sombreamento adicionais. Para uma cobertura envidraçada, por exemplo, a radiação solar que atinge todas as regiões do Brasil ao meio-dia no verão certamente provocará um aquecimento que merece atenção especial. Mesmo com o uso do melhor vidro de controle solar, elementos de sombreamento são recomendados para diminuir o desconforto localizado e reduzir o consumo de energia em climatização.

O Quadro 8.9 resume as orientações técnicas e as dicas para a definição dos principais parâmetros relacionados às três grandes áreas do conforto ambiental.

Quadro 8.9 Orientações gerais para definição dos parâmetros relacionados ao conforto ambiental

Parâmetro	Orientações	Dicas
	Conforto térmico	
Fator solar	O fator solar é um parâmetro orientativo, pois na prática o ganho de calor solar de um vidro varia ao longo do dia e do ano, conforme o ângulo de incidência da radiação solar e as condições de temperatura a que o vidro está submetido. Mas, em geral, quanto mais baixo é o fator solar, menor é o ganho de calor do vidro.	Fachadas e coberturas com grande área envidraçada no Brasil demandam a especificação de vidros com baixo fator solar, inferior a 35%. Porém, deve-se estar atento também às condições de transmissão luminosa e reflexão do vidro, evitando superfícies demasiadamente escuras ou espelhadas, que possam interferir no conforto térmico interno e externo, respectivamente. Diversas especificações de vidro de controle solar proporcionam baixo fator solar e diferentes condições de transmissão e reflexão de luz.

Quadro 8.9 (continuação)

Parâmetro	Orientações	Dicas
Conforto térmico		
Propriedades ópticas	A seleção preliminar do tipo de vidro para um fechamento pode iniciar pelo fator solar. No entanto, as demais propriedades também devem ser levadas em consideração. Uma maior absorção ou reflexão pode resultar em problemas localizados de conforto térmico interno e no entorno da edificação.	Recomenda-se a realização de simulação energética computacional que utilize todas as propriedades térmicas e ópticas do vidro já processado, para análise das condições de conforto e consumo de energia em climatização. Tais propriedades podem ser obtidas por meio de *software* do fabricante ou fornecidas pela processadora de vidros.
Transmitância térmica	Os vidros insulados proporcionam menor transmitância térmica, reduzindo a transferência de calor por condução do ambiente mais quente para o mais frio. Esses sistemas podem ser utilizados em locais onde há grandes diferenças de temperatura entre o ambiente interno e o externo ao longo do ano. Com menor transmissão de calor, o vidro insulado atinge temperaturas superficiais internas mais amenas, tanto no frio quanto no calor.	O uso de vidro insulado pode ser uma boa estratégia para reduzir o desconforto por assimetria de radiação e o consumo de energia em edifícios com grande área envidraçada nas fachadas e na cobertura. Em climas extremamente frios, como nas regiões Sul e serranas do Brasil, ou extremamente quentes, como no Norte e no Nordeste, o vidro insulado pode trazer benefícios mais significativos.
Conforto lumínico		
Transmissão luminosa	Quanto maior é a transmissão luminosa, mais transparente é o vidro e mais luz ele deixa passar de um lado para o outro.	A transmissão luminosa deve ser adequada ao tipo de fechamento, se é vertical ou horizontal, bem como à área total envidraçada, tomando-se o cuidado de evitar o excesso de luz emitido ou transferido por uma superfície. Em grandes áreas envidraçadas no Brasil, pode-se optar por vidros com transmissão luminosa inferior a 40%.
Controle de ofuscamento	Em alguns casos, a redução na transmissão luminosa do vidro pode diminuir o potencial de aproveitamento de luz ou afetar a estética do projeto. Elementos de sombreamento, externos ou internos ao vidro, podem ser projetados em conjunto com a fachada para o controle de ofuscamento.	A aplicação de serigrafia ao vidro pode ser uma boa solução para o controle da transmissão de luz, com efeito estético agradável, alta durabilidade e sem exigência de manutenção adicional, reduzindo a necessidade de elementos adicionais, como persianas e *brises*.

Quadro 8.9 (continuação)

Parâmetro	Orientações	Dicas
Conforto acústico		
Índice de redução sonora ponderado (R_w)	O índice de redução sonora ponderado pode ser utilizado como parâmetro inicial de escolha de um determinado fechamento em vidro. O valor é medido em laboratório e apresentado em dB. Quanto mais alto é o índice, maior é a capacidade de isolamento do vidro.	A escolha do tipo de vidro pelo R_w deve ser apenas indicativa. Cabe uma análise detalhada da característica do ruído e da capacidade de isolamento do vidro por faixa de frequência. Além disso, a estanqueidade da esquadria é determinante no desempenho acústico do fechamento envidraçado.
Espessura	O nível de isolamento acústico de um fechamento envidraçado é definido prioritariamente pela estanqueidade da esquadria. Em esquadrias bem resolvidas, isentas de frestas, o uso de vidros mais espessos pode contribuir para aumentar o isolamento acústico do envidraçamento.	O aumento da espessura da chapa de vidro resulta em maior massa por unidade de área, que em acústica representa maior isolamento. No entanto, o aumento da espessura do vidro torna-se ineficaz se a esquadria não tiver o tratamento adequado e não for isenta de frestas.
Beneficiamento	O vidro laminado proporciona um isolamento acústico adicional na medida em que o PVB funciona como amortecedor à transmissão do som através do vidro. Vidros insulados com chapas de diferentes espessuras podem compensar as deficiências na frequência crítica de cada vidro. A composição de insulados laminados, ou ainda o uso de janelas duplas, pode resultar em benefícios maiores.	Vidros laminados e insulados e janelas duplas podem contribuir para o isolamento acústico em grandes áreas envidraçadas ou em locais onde haja requisitos rigorosos para o controle do ruído, como em centros urbanos adensados ou nas proximidades de vias de tráfego intenso. No caso de vidros insulados e janelas duplas, o melhor desempenho é alcançado com câmaras de ar espessas e vidros assimétricos.

A eficiência energética do projeto está intimamente ligada aos resultados alcançados com o padrão de conforto estabelecido anteriormente.

Se não houver um bom aproveitamento de luz natural, com controle de ofuscamento e boa uniformidade dos níveis de iluminação no ambiente, certamente o sistema de iluminação artificial será solicitado por mais tempo, reduzindo o potencial de economia com energia elétrica. Estratégias de educação e treinamento dos usuários podem ser necessárias para colocar em prática os conceitos de eficiência energética adotados no projeto.

Da mesma forma, do ponto de vista térmico, uma boa solução de fachada, com a especificação de vidro de controle solar adequada à orientação solar e à área de abertura, pode diminuir o consumo de energia em climatização. Em ambientes com possibilidade de ventilação natural, o uso do ar-condicionado pode ser minimizado à medida que o ganho de calor pelas aberturas é reduzido com vidros de alto desempenho térmico.

Estudos por simulação computacional permitem analisar, ainda na fase de projeto, a influência de determinados parâmetros nos padrões de conforto e consumo de energia da edificação. Mas o alcance do nível de eficiência pretendido depende sempre da operação adequada dos diversos sistemas do prédio. Por isso, é importante que o projetista elabore também um plano de operação e manutenção das estratégias adotadas.

9 NORMAS

O Quadro 9.1 lista as principais normas nacionais relacionadas à aplicação do vidro plano na construção civil. Tais normas tratam de critérios de desempenho e segurança, desde a especificação até a instalação do vidro. O escopo de cada norma é apresentado nas seções seguintes.

Quadro 9.1 Normas nacionais relacionadas à aplicação do vidro plano na construção civil

NBR 7199 (ABNT, 2016)	Vidros na construção civil – Projeto, execução e aplicações
NBR 7334 (ABNT, 2011)	Vidros de segurança – Determinação dos afastamentos quando submetidos à verificação dimensional e suas tolerâncias – Método de ensaio
NBR 10821 (ABNT, 2017b)	Esquadrias externas para edificações
NBR 12067 (ABNT, 2017c)	Vidro plano – Determinação da resistência à tração na flexão
NBR 14207 (ABNT, 2009)	Boxes de banheiro fabricados com vidros de segurança
NBR 14488 (ABNT, 2010)	Tampos de vidro para móveis – Requisitos e métodos de ensaio
NBR 14564 (ABNT, 2017d)	Vidros para sistemas de prateleiras – Requisitos e métodos de ensaio
NBR 14696 (ABNT, 2015)	Espelhos de prata
NBR 14697 (ABNT, 2001a)	Vidro laminado
NBR 14698 (ABNT, 2001b)	Vidro temperado
NBR 14718 (ABNT, 2019a)	Guarda-corpos para edificação
NBR 15198 (ABNT, 2005)	Espelhos de prata – Beneficiamento e instalação

Quadro 9.1 (continuação)

NBR 16015 (ABNT, 2012)	Vidro insulado – Características, requisitos e métodos de ensaio
NBR 16023 (ABNT, 2020b)	Vidros revestidos para controle solar – Requisitos, classificação e métodos de ensaio
NBR ISO 9050 (ABNT, 2022)	Vidros na construção civil – Determinação da transmissão de luz, transmissão direta solar, transmissão total de energia solar, transmissão ultravioleta e propriedades relacionadas ao vidro
NBR NM 293 (ABNT, 2004a)	Terminologia de vidros planos e dos componentes acessórios à sua aplicação
NBR NM 294 (ABNT, 2004b)	Vidro *float*
NBR NM 295 (ABNT, 2004c)	Vidro aramado
NBR NM 297 (ABNT, 2004d)	Vidro impresso
NBR NM 298 (ABNT, 2006)	Classificação do vidro plano quanto ao impacto

9.1 NBR 7199 – Vidros na construção civil – Projeto, execução e aplicações

Esta norma fixa as condições que devem ser obedecidas no projeto de envidraçamento em construção civil e pode ser considerada a norma-base para aplicação do vidro em edificações no Brasil. Ela classifica o vidro nas seguintes categorias: quanto ao tipo, transparência, acabamento das superfícies, coloração e colocação, dando diretrizes para a execução e o detalhamento dos componentes envidraçados. Trata também das condições nas quais o vidro deve ser armazenado e manipulado, visando sua preservação.

9.2 NBR 7334 – Vidros de segurança – Determinação dos afastamentos quando submetidos à verificação dimensional e suas tolerâncias – Método de ensaio

Prescreve o método para determinar as dimensões das peças de vidros de segurança, incluindo descrição de gabaritos, aparelhagem e procedimentos de medição.

9.3 NBR 10821 – Esquadrias externas para edificações

Esta norma define os termos empregados na classificação de esquadrias utilizadas em edificações e na nomenclatura de suas partes. Aplica-se a esquadrias para portas, janelas e fachadas-cortinas, verticais ou inclinadas, em edificações de uso residencial e comercial. Não se aplica a divisórias internas. A norma visa assegurar ao consumidor o recebimento dos produtos com condições mínimas exigíveis de desempenho.

9.4 NBR 12067 – Vidro plano – Determinação da resistência à tração na flexão

Especifica um método para a determinação da resistência à tração na flexão dos vidros planos. Adicionalmente, apresenta o procedimento para a medição de flexão máxima oriunda do carregamento, a ser realizado sempre que houver interesse.

9.5 NBR 14207 – Boxes de banheiro fabricados com vidros de segurança

Esta norma especifica os requisitos mínimos, em termos de segurança, para os materiais utilizados no projeto e na instalação de boxes de banheiro fabricados a partir de painéis de vidro de segurança para uso em apartamentos, casas, hotéis e outras residências.

9.6 NBR 14488 – Tampos de vidro para móveis – Requisitos e métodos de ensaio

Esta norma especifica as exigências de desempenho necessárias para garantir a segurança da aplicação de vidro na composição de mesas, aparadores e similares.

9.7 NBR 14564 – Vidros para sistemas de prateleiras – Requisitos e métodos de ensaio

Especifica as exigências de desempenho e as medidas lineares necessárias para garantir a segurança da aplicação de vidro plano na composição de sistemas de prateleiras.

9.8 NBR 14696 – Espelhos de prata

Especifica os requisitos gerais e os métodos de ensaio para garantir a durabilidade e a qualidade dos espelhos de prata manufaturados.

9.9 NBR 14697 – Vidro laminado

Esta norma especifica os requisitos gerais, os métodos de ensaio e os cuidados necessários para garantir a segurança e a durabilidade do vidro laminado em suas aplicações na construção civil e na indústria moveleira, bem como a metodologia de classificação desse produto como vidro de segurança.

9.10 NBR 14698 – Vidro temperado

Esta norma especifica os requisitos gerais, os métodos de ensaio e os cuidados necessários para garantir a segurança, a durabilidade e a qualidade do vidro temperado plano em suas aplicações na construção civil, na indústria moveleira e nos eletrodomésticos da linha branca. Também fornece a metodologia de classificação desse produto como vidro de segurança.

9.11 NBR 14718 – Guarda-corpos para edificação

Fixa as condições exigíveis de guarda-corpos para edificações de uso residencial e comercial. Não se aplica a guarda-corpos para passarelas situadas sobre ruas e avenidas, ginásios de esportes ou locais de grande aglomeração pública. Cita requisitos mínimos de projeto, execução e manutenção para guarda-corpos em alumínio, PVC e aço.

9.12 NBR 15198 – Espelhos de prata – Beneficiamento e instalação

Especifica os requisitos mínimos para o beneficiamento e a instalação dos espelhos de prata, de maneira a garantir a durabilidade e a segurança do produto.

9.13 NBR 16015 – Vidro insulado – Características, requisitos e métodos de ensaio

Estabelece as características, os requisitos e os métodos de ensaio do vidro insulado plano utilizado na construção civil e nas unidades de condicionamento térmico e acústico.

9.14 NBR 16023 – Vidros revestidos para controle solar – Requisitos, classificação e métodos de ensaio

Estabelece as características, os requisitos gerais e os métodos de ensaio dos vidros revestidos para controle solar, para garantir sua qualidade e desempenho.

9.15 NBR ISO 9050 – Vidros na construção civil – Determinação da transmissão de luz, transmissão direta solar, transmissão total de energia solar, transmissão ultravioleta e propriedades relacionadas ao vidro

Especifica os métodos de determinação da transmissão luminosa e de energia da radiação solar para o conjunto envidraçado nas edificações. Esses dados característicos podem servir de base para cálculos de iluminação, aquecimento e ventilação de ambientes e permitir a comparação entre os diferentes tipos de vidro. Esta norma é aplicável tanto às unidades convencionais de envidraçamento quanto a vidros revestidos para controle solar utilizados em aberturas envidraçadas.

9.16 NBR NM 293 – Terminologia de vidros planos e dos componentes acessórios à sua aplicação

Estabelece os termos aplicáveis a produtos de vidro plano em chapas e acessórios usados na construção civil. Para facilitar seu entendimento, esta norma foi dividida em subgrupos. Na seção de definições gerais se estabelecem os termos relacionados às aplicações do vidro plano e suas particularidades. Na seção de ferragens e seus complementos se estabelecem os termos mais utilizados para os acessórios relativos à aplicação dos vidros planos. A seção do vidro estabelece os termos relacionados diretamente ao vidro, e a última seção define os defeitos do vidro plano.

9.17 NBR NM 294 – Vidro *float*

Esta norma tem o objetivo de estabelecer as dimensões e os requisitos de qualidade em relação aos defeitos ópticos e de aspecto do vidro *float* incolor e colorido. Também estabelece a sua composição química e principais características físicas e mecânicas. Ela se aplica unicamente ao vidro plano fornecido em tamanho grande ou nos tamanhos previamente cortados.

9.18 NBR NM 295 – Vidro aramado

Esta norma especifica as dimensões do vidro aramado e os requisitos mínimos de qualidade em relação aos defeitos ópticos e de aspecto do arame metálico. Ela se aplica unicamente ao vidro aramado em tamanho padrão de fabricação.

9.19 NBR NM 297 – Vidro impresso

Esta norma estabelece as dimensões do vidro plano impresso e os requisitos de qualidade em relação aos defeitos de aspecto desse vidro, quando em tamanho padrão de fabricação. Também estabelece a sua composição química e principais características físicas e mecânicas.

9.20 NBR NM 298 – Classificação do vidro plano quanto ao impacto

Classifica os produtos de vidro plano e estabelece os requisitos e os métodos de ensaio para a sua classificação como vidro de segurança. Possui como referência normativa a NBR NM 293 e define, por meio de ensaios, os requisitos mínimos exigíveis para os vidros de segurança laminado, aramado e temperado.

REFERÊNCIAS BIBLIOGRÁFICAS

ABNT – ASSOCIAÇÃO BRASILEIRA DE NORMAS TÉCNICAS. NBR 6123: Forças devidas ao vento em edificações. Rio de Janeiro, 1988. 66 p.

ABNT – ASSOCIAÇÃO BRASILEIRA DE NORMAS TÉCNICAS. NBR 7199: Vidros na construção civil – Projeto, execução e aplicações. Rio de Janeiro, 2016. 63 p.

ABNT – ASSOCIAÇÃO BRASILEIRA DE NORMAS TÉCNICAS. NBR 7334: Vidros de segurança – Determinação dos afastamentos quando submetidos à verificação dimensional e suas tolerâncias – Método de ensaio. Rio de Janeiro, 2011. 7 p.

ABNT – ASSOCIAÇÃO BRASILEIRA DE NORMAS TÉCNICAS. NBR 10152: Acústica – Níveis de pressão sonora em ambientes internos a edificações. Rio de Janeiro, 2017a. 21 p.

ABNT – ASSOCIAÇÃO BRASILEIRA DE NORMAS TÉCNICAS. NBR 10821: Esquadrias externas para edificações. Rio de Janeiro, 2017b.

ABNT – ASSOCIAÇÃO BRASILEIRA DE NORMAS TÉCNICAS. NBR 12067: Vidro plano – Determinação da resistência à tração na flexão. Rio de Janeiro, 2017c. 4 p.

ABNT – ASSOCIAÇÃO BRASILEIRA DE NORMAS TÉCNICAS. NBR 14207: Boxes de banheiro fabricados com vidros de segurança. Rio de Janeiro, 2009. 15 p.

ABNT – ASSOCIAÇÃO BRASILEIRA DE NORMAS TÉCNICAS. NBR 14488: Tampos de vidro para móveis – Requisitos e métodos de ensaio. Rio de Janeiro, 2010. 12 p.

ABNT – ASSOCIAÇÃO BRASILEIRA DE NORMAS TÉCNICAS. NBR 14564: Vidros para sistemas de prateleiras – Requisitos e métodos de ensaio. Rio de Janeiro, 2017d. 11 p.

ABNT – ASSOCIAÇÃO BRASILEIRA DE NORMAS TÉCNICAS. NBR 14696: Espelhos de prata – Requisitos e métodos de ensaio. Rio de Janeiro, 2015. 9 p.

ABNT – ASSOCIAÇÃO BRASILEIRA DE NORMAS TÉCNICAS. NBR 14697: Vidro laminado. Rio de Janeiro, 2001a. 19 p.

ABNT – ASSOCIAÇÃO BRASILEIRA DE NORMAS TÉCNICAS. NBR 14698: Vidro temperado. Rio de Janeiro, 2001b. 19 p.

ABNT – ASSOCIAÇÃO BRASILEIRA DE NORMAS TÉCNICAS. NBR 14718: Esquadrias – guarda-corpos para edificação – Requisitos, procedimentos e métodos de ensaio. Rio de Janeiro, 2019a. 27 p.

ABNT – ASSOCIAÇÃO BRASILEIRA DE NORMAS TÉCNICAS. NBR 14925: Elementos construtivos envidraçados resistentes ao fogo para compartimentação. Rio de Janeiro, 2019b. 8 p.

ABNT – ASSOCIAÇÃO BRASILEIRA DE NORMAS TÉCNICAS. NBR 15000: Sistemas de blindagem – Proteção balística. Parte 2: Classificação, requisitos e métodos de ensaio para materiais planos. Rio de Janeiro, 2020a. 20 p.

ABNT – ASSOCIAÇÃO BRASILEIRA DE NORMAS TÉCNICAS. NBR 15198: Espelhos de prata – Beneficiamento e instalação. Rio de Janeiro, 2005. 17 p.

ABNT – ASSOCIAÇÃO BRASILEIRA DE NORMAS TÉCNICAS. NBR 16015: Vidro insulado – Características, requisitos e métodos de ensaio. Rio de Janeiro, 2012. 52 p.

ABNT – ASSOCIAÇÃO BRASILEIRA DE NORMAS TÉCNICAS. NBR 16023: Vidros revestidos para controle solar – Requisitos, classificação e métodos de ensaio. Rio de Janeiro, 2020b. 20 p.

ABNT – ASSOCIAÇÃO BRASILEIRA DE NORMAS TÉCNICAS. NBR ISO 717-1: Acústica – Classificação de isolamento acústico em edificações e elementos de edificações. Parte 1: Isolamento a ruído aéreo. Rio de Janeiro, 2021. 30 p.

ABNT – ASSOCIAÇÃO BRASILEIRA DE NORMAS TÉCNICAS. NBR ISO 9050: Vidros na construção civil – Determinação da transmissão de luz, transmissão direta solar, transmissão total de energia solar, transmissão ultravioleta e propriedades relacionadas ao vidro. Rio de Janeiro, 2022. 34 p.

ABNT – ASSOCIAÇÃO BRASILEIRA DE NORMAS TÉCNICAS. NBR ISO/CIE 8995-1: Iluminação de ambientes de trabalho. Parte 1: Interior. Rio de Janeiro, 2013. 46 p.

ABNT – ASSOCIAÇÃO BRASILEIRA DE NORMAS TÉCNICAS. NBR NM 293: Terminologia de vidros planos e dos componentes acessórios à sua aplicação. Rio de Janeiro, 2004a. 20 p.

ABNT – ASSOCIAÇÃO BRASILEIRA DE NORMAS TÉCNICAS. NBR NM 294: Vidro *float*. Rio de Janeiro, 2004b. 20 p.

ABNT – ASSOCIAÇÃO BRASILEIRA DE NORMAS TÉCNICAS. NBR NM 295: Vidro aramado. Rio de Janeiro, 2004c. 9 p.

ABNT – ASSOCIAÇÃO BRASILEIRA DE NORMAS TÉCNICAS. NBR NM 297: Vidro impresso. Rio de Janeiro, 2004d. 8 p.

ABNT – ASSOCIAÇÃO BRASILEIRA DE NORMAS TÉCNICAS. NBR NM 298: Classificação do vidro plano quanto ao impacto. Rio de Janeiro, 2006. 10 p.

AGC. *Glass Configurator*. 2022. Disponível em: https://www.agc-yourglass.com/configurator. Acesso em: 10 abr. 2022.

AGC. *Glass Unlimited*: Your Glass Pocket. Brussels: AGC, 2015. 432 p.

ASHRAE – AMERICAN SOCIETY OF HEATING, REFRIGERATING AND AIR-CONDI-TIONING ENGINEERS. *Handbook of Fundamentals*. Atlanta: ASHRAE, 2009. p. 15.14.

BISTAFA, S. R. *Acústica aplicada ao controle do ruído*. 2. ed. São Paulo: Blucher, 2011. 378 p.

CEN – EUROPEAN COMMITTEE FOR STANDARDIZATION. EN 673: Glass in Building – Determination of Thermal Transmittance (U Value) – Calculation Method. Brussels, 2011.

EGAN, M. D. *Architectural Acoustics*. Fort Lauderdale: J. Ross Publishing, 2007. 411 p.

ERMANN, M. *Architectural Acoustics Illustrated*. New Hersey: John Wiley and Sons, 2015. 282 p.

GUARDIAN. *Manual técnico*: Build with Light. [S.l.]: Guardian Industries Corp., 2010. 36 p.

ISO – INTERNATIONAL ORGANIZATION FOR STANDARDIZATION. ISO 10140-2: Acoustics – Laboratory Measurement of Sound Insulation of Building Elements. Part 2: Measurement of Airborne Sound Insulation. 2021.

LBNL – LAWRENCE BERKELEY NATIONAL LABORATORY. *IGDB*: International Glazing Database. 2022. Disponível em: https://windows.lbl.gov/tools/IGDB/software-download. Acesso em: 10 abr. 2022.

RINDEL, J. H. *Sound Insulation in Buildings*. Boca Raton: CRC Press, 2018. p. 126.

SAINT-GOBAIN. *Calumen Live*. 2022. Disponível em: https://calumenlive.com/en/home. Acesso em: 10 abr. 2022.

SAINT-GOBAIN GLASS. *Manual do vidro*. Portugal: SGG, 2000. 631 p.

Bibliografia consultada

ABRAVIDRO – ASSOCIAÇÃO BRASILEIRA DE DISTRIBUIDORES E PROCESSADORES DE VIDRO PLANO. *Vidro de A a Z*. Disponível em: http://abravidro.org.br/fique-por-dentro/vidro-de-a-a-z/. Acesso em: 15 mar. 2015.

CEBRACE. *Cebrace 40 anos*. São Paulo: Êxito, 2014. 126 p.

G. JAMES GROUP. *G. James is Glass*: Handbook. Australia: G. James Group, [20--?]. 106 p.

KNAACK, U.; AUER, T.; KLEIN, T.; BILOW, M. *Façades*: Principles of Construction. Berlin: Birkhäuser, 2007. 135 p.

PILKINGTON. *Global Glass Handbook 2012*: Architectural Products. UK: NSG Group, 2012. 226 p.

SCHITTICH, C.; STAIB, G.; BALKOW, D.; SCHULER, M.; SOBEK, W. *Glass Construction Manual*. Berlin: Birkhäuser, 1999. 328 p.

VIRACON. *Product Guide 2013*. Owatonna, MN, USA: Viracon, 2013. 144 p.

WESTPHAL, F. S. *Referencial técnico*: vidro e eficiência energética em edificações. São Paulo: Abividro, 2010. 34 p.

Apêndice A – Tabela de propriedades ópticas de vidros de controle solar

Fabricante	Processo	Produto	Espessura (mm)	Posição do coating	TE	RE_e	RE_i	TL	RL_e	RL_i	ε_e	ε_i	FS	U (W/m²·K)	IS
AGC	Laminado com incolor	Stopray Lamismart 24	4+4	#2	0,14	0,42	0,33	0,24	0,35	0,28	0,89	0,89	0,25	5,60	0,96
AGC	Laminado com incolor	Stopsol Classic Clear	4+4	#4	0,41	0,19	0,28	0,37	0,26	0,34	0,89	0,89	0,51	5,60	0,73
AGC	Laminado com incolor	Sunergy Clear	4+4	#4	0,49	0,08	0,10	0,67	0,09	0,10	0,89	0,28	0,56	4,00	1,20
AGC	Laminado com incolor	Sunlux Shadow 60	4+4	#4	0,48	0,10	0,16	0,56	0,14	0,17	0,89	0,82	0,57	5,42	0,97
AGC	Monolítico	Sunlux Shadow 60	8	#2	0,52	0,11	0,16	0,56	0,14	0,17	0,89	0,82	0,61	5,47	0,93
AGC	Monolítico	Sunlux Shadow 60	6	#2	0,54	0,11	0,16	0,57	0,14	0,17	0,89	0,82	0,62	5,53	0,92
AGC	Monolítico	Sunlux Shadow 60	4	#2	0,55	0,12	0,16	0,57	0,14	0,17	0,89	0,82	0,63	5,60	0,91
AGC	Laminado com incolor	Sunlux Shadow Azul	4+4	#4	0,18	0,16	0,33	0,23	0,21	0,28	0,89	0,53	0,31	4,74	0,73
AGC	Monolítico	Sunlux Shadow Azul	8	#2	0,19	0,18	0,33	0,23	0,21	0,28	0,89	0,53	0,32	4,78	0,72
AGC	Monolítico	Sunlux Shadow Azul	6	#2	0,20	0,19	0,33	0,23	0,21	0,28	0,89	0,53	0,32	4,82	0,72
AGC	Monolítico	Sunlux Shadow Azul	4	#2	0,20	0,20	0,33	0,23	0,22	0,28	0,89	0,53	0,32	4,87	0,72

Apêndice A – (continuação)

Fabricante	Processo	Produto	Espessura (mm)	Posição do coating	TE	RE$_e$	RE$_i$	TL	RL$_e$	RL$_i$	ε_e	ε_i	FS	U (W/m²·K)	IS
AGC	Monolítico	Sunlux Shadow clear 14	4	#2	0,14	0,33	0,38	0,15	0,38	0,35	0,89	0,49	0,24	4,80	0,63
AGC	Monolítico	Sunlux Shadow clear 14	6	#2	0,13	0,32	0,38	0,15	0,37	0,35	0,89	0,49	0,24	4,70	0,63
AGC	Monolítico	Sunlux Shadow clear 14	8	#2	0,13	0,30	0,38	0,15	0,37	0,35	0,89	0,49	0,24	4,70	0,63
AGC	Laminado com incolor	Sunlux Shadow clear 14	4+4	#4	0,12	0,27	0,38	0,15	0,36	0,35	0,89	0,49	0,24	4,60	0,63
AGC	Laminado com incolor	Sunlux Shadow clear 20	4+4	#4	0,15	0,23	0,35	0,18	0,31	0,33	0,89	0,55	0,27	4,80	0,67
AGC	Monolítico	Sunlux Shadow clear 20	6	#2	0,17	0,26	0,35	0,18	0,31	0,33	0,89	0,55	0,28	4,90	0,64
AGC	Monolítico	Sunlux Shadow clear 20	8	#2	0,16	0,25	0,35	0,18	0,31	0,33	0,89	0,55	0,28	4,80	0,64
AGC	Monolítico	Sunlux Shadow clear 20	4	#2	0,17	0,28	0,35	0,19	0,32	0,33	0,89	0,55	0,28	4,90	0,68
AGC	Laminado com incolor	Sunlux Shadow clear 32	4+4	#4	0,25	0,15	0,24	0,30	0,21	0,23	0,89	0,65	0,37	5,00	0,81
AGC	Monolítico	Sunlux Shadow clear 32	6	#2	0,28	0,17	0,25	0,30	0,21	0,23	0,89	0,65	0,39	5,10	0,77
AGC	Monolítico	Sunlux Shadow clear 32	8	#2	0,27	0,17	0,25	0,30	0,21	0,23	0,89	0,65	0,39	5,10	0,77

Apêndice A – (continuação)

Fabricante	Processo	Produto	Espessura (mm)	Posição do coating	TE	RE_e	RE_i	TL	RL_e	RL_i	ε_e	ε_i	FS	U (W/m²·K)	IS
AGC	Monolítico	Sunlux Shadow clear 32	4	#2	0,29	0,18	0,25	0,30	0,22	0,23	0,89	0,65	0,40	5,20	0,75
AGC	Monolítico	Sunlux Shadow verde 14	8	#2	0,06	0,13	0,38	0,11	0,23	0,35	0,89	0,49	0,22	4,70	0,50
AGC	Monolítico	Sunlux Shadow verde 14	6	#2	0,07	0,15	0,38	0,12	0,27	0,35	0,89	0,49	0,22	4,70	0,55
AGC	Monolítico	Sunlux Shadow verde 14	4	#2	0,09	0,19	0,38	0,13	0,30	0,35	0,89	0,49	0,23	4,80	0,57
AGC	Laminado com incolor	Sunlux Shadow verde 14	4+4	#4	0,08	0,16	0,38	0,13	0,29	0,35	0,89	0,49	0,23	4,60	0,57
AGC	Monolítico	Sunlux Shadow verde 20	8	#2	0,08	0,11	0,35	0,14	0,20	0,33	0,89	0,55	0,24	4,80	0,58
AGC	Monolítico	Sunlux Shadow verde 20	6	#2	0,09	0,13	0,35	0,15	0,23	0,33	0,89	0,55	0,25	4,90	0,60
AGC	Laminado com incolor	Sunlux Shadow verde 20	4+4	#4	0,10	0,14	0,35	0,16	0,25	0,33	0,89	0,55	0,25	4,80	0,64
AGC	Monolítico	Sunlux Shadow verde 20	4	#2	0,11	0,16	0,35	0,16	0,26	0,33	0,89	0,55	0,26	4,90	0,62
AGC	Monolítico	Sunlux Shadow verde 32	8	#2	0,13	0,09	0,24	0,23	0,14	0,23	0,89	0,65	0,29	5,10	0,79

Apêndice A – (continuação)

Fabricante	Processo	Produto	Espessura (mm)	Posição do coating	TE	RE$_e$	RE$_i$	TL	RL$_e$	RL$_i$	ε_e	ε_i	FS	U (W/m²·K)	IS
AGC	Monolítico	Sunlux Shadow verde 32	6	#2	0,15	0,10	0,24	0,25	0,16	0,23	0,89	0,65	0,31	5,10	0,81
AGC	Laminado com incolor	Sunlux Shadow verde 32	4+4	#4	0,17	0,1	0,24	0,26	0,17	0,23	0,89	0,65	0,32	5,00	0,81
AGC	Monolítico	Sunlux Shadow verde 32	4	#2	0,19	0,11	0,24	0,27	0,18	0,23	0,89	0,65	0,33	5,20	0,82
Cebrace	Monolítico	Bronze	6	N/A	0,44	0,05	0,05	0,48	0,05	0,05	0,89	0,89	0,56	5,69	0,86
Cebrace	Laminado	Cool Lite BRB 127 + Incolor	4+4	#2	0,16	0,17	0,12	0,27	0,20	0,09	0,89	0,89	0,32	5,56	0,84
Cebrace	Laminado	Cool Lite BRN 130 + Incolor	4+4	#2	0,19	0,22	0,18	0,31	0,18	0,13	0,89	0,89	0,33	5,56	0,93
Cebrace	Laminado	Cool Lite BRN 148 + Incolor	4+4	#2	0,32	0,14	0,14	0,48	0,12	0,12	0,89	0,89	0,45	5,56	1,06
Cebrace	Laminado	Cool Lite BRS 131 + Incolor	4+4	#2	0,21	0,27	0,13	0,32	0,31	0,09	0,89	0,89	0,33	5,56	0,96
Cebrace	Laminado	Cool Lite BRZ 130 + Incolor	4+4	#2	0,20	0,24	0,12	0,30	0,17	0,10	0,89	0,89	0,33	5,56	0,88
Cebrace	Monolítico*	Cool Lite KBT 140	6	#2	0,27	0,20	0,28	0,40	0,22	0,11	0,89	0,11	0,35	3,51	1,14
Cebrace	Laminado	Cool Lite KBT 140 + Incolor	4+4	#2	0,22	0,24	0,26	0,32	0,24	0,26	0,89	0,89	0,35	5,56	0,91
Cebrace	Monolítico*	Cool Lite KNT 140	6	#2	0,26	0,22	0,26	0,41	0,21	0,05	0,89	0,10	0,34	3,48	1,22
Cebrace	Laminado	Cool Lite KNT 140 + Incolor	4+4	#2	0,22	0,28	0,23	0,34	0,23	0,18	0,89	0,89	0,34	5,56	1,00
Cebrace	Monolítico*	Cool Lite KNT 155	6	#2	0,36	0,17	0,02	0,52	0,15	0,03	0,89	0,14	0,43	3,64	1,21

Apêndices 137

Apêndice A – (continuação)

Fabricante	Processo	Produto	Espessura (mm)	Posição do coating	TE	RE_e	RE_i	TL	RL_e	RL_i	ε_e	ε_i	FS	U (W/m²·K)	IS
Cebrace	Laminado	Cool Lite KNT 155 + Incolor	4+4	#2	0,32	0,19	0,18	0,47	0,14	0,12	0,89	0,89	0,43	5,56	1,09
Cebrace	Monolítico*	Cool Lite KNT 164	6	#2	0,46	0,13	0,16	0,63	0,11	0,02	0,89	0,14	0,52	3,62	1,21
Cebrace	Laminado	Cool Lite KNT 164 + Incolor	4+4	#2	0,41	0,17	0,13	0,58	0,12	0,08	0,89	0,89	0,51	5,56	1,15
Cebrace	Monolítico*	Cool Lite KNT 440	6	#2	0,18	0,11	0,26	0,35	0,17	0,05	0,89	0,10	0,28	3,48	1,25
Cebrace	Laminado	Cool Lite KNT 440 + Incolor	4+4	#2	0,17	0,15	0,22	0,30	0,20	0,18	0,89	0,89	0,33	5,56	0,93
Cebrace	Monolítico*	Cool Lite KNT 455	6	#2	0,24	0,09	0,03	0,45	0,12	0,03	0,89	0,14	0,34	3,64	1,32
Cebrace	Laminado	Cool Lite KNT 455 + Incolor	4+4	#2	0,23	0,12	0,15	0,41	0,14	0,11	0,89	0,89	0,39	5,56	1,07
Cebrace	Laminado	Cool Lite KS 133 + Incolor	4+4	#2	0,21	0,34	0,24	0,33	0,33	0,16	0,89	0,89	0,32	5,56	1,02
Cebrace	Laminado	Cool Lite SKN 154 + Emerald	4+4	#2	0,17	0,38	0,12	0,39	0,22	0,18	0,89	0,89	0,27	5,56	1,42
Cebrace	Laminado	Cool Lite SKN 154 + Incolor	4+4	#2	0,24	0,38	0,39	0,48	0,22	0,25	0,89	0,89	0,33	5,56	1,46
Cebrace	Laminado	Cool Lite SKN 154 + Verde	4+4	#2	0,20	0,38	0,19	0,44	0,22	0,21	0,89	0,89	0,30	5,56	1,46
Cebrace	Monolítico*	Cool Lite SKN 154 II	6	#2	0,26	0,29	0,54	0,54	0,15	0,22	0,89	0,01	0,32	3,13	1,70
Cebrace	Laminado	Cool Lite SKN 165 + Incolor	4+4	#2	0,29	0,33	0,36	0,56	0,20	0,21	0,89	0,89	0,38	5,56	1,48
Cebrace	Laminado	Cool Lite SKN 165 + Verde	4+4	#2	0,23	0,33	0,17	0,52	0,21	0,19	0,89	0,89	0,33	5,56	1,55

Apêndice A – (continuação)

Fabricante	Processo	Produto	Espessura (mm)	Posição do coating	TE	RE$_e$	RE$_i$	TL	RL$_e$	RL$_i$	ε_e	ε_i	FS	U (W/m²·K)	IS
Cebrace	Monolítico	Cool Lite SPN 114	6	#2	0,11	0,26	0,46	0,13	0,30	0,44	0,89	0,45	0,23	4,60	0,54
Cebrace	Laminado	Cool Lite SPN 114 + Incolor	4+4	#2	0,12	0,30	0,29	0,15	0,34	0,33	0,89	0,89	0,26	5,56	0,57
Cebrace	Monolítico	Cool Lite ST 436	6	#2	0,19	0,11	0,21	0,31	0,17	0,18	0,89	0,80	0,35	5,47	0,89
Cebrace	Laminado	Cool Lite ST 436 + Incolor	4+4	#2	0,22	0,11	0,11	0,34	0,17	0,12	0,89	0,89	0,37	5,56	0,91
Cebrace	Monolítico	Cool Lite ST 108	6	#2	0,06	0,36	0,45	0,08	0,43	0,38	0,89	0,13	0,14	3,60	0,55
Cebrace	Laminado	Cool Lite ST 108 + Incolor	4+4	#2	0,07	0,40	0,34	0,08	0,43	0,32	0,89	0,90	0,19	5,56	0,43
Cebrace	Monolítico	Cool Lite ST 120	6	#2	0,16	0,25	0,32	0,20	0,31	0,59	0,89	0,67	0,29	5,16	0,69
Cebrace	Laminado	Cool Lite ST 120 + Incolor	4+4	#2	0,15	0,25	0,20	0,21	0,30	0,21	0,89	0,89	0,29	5,56	0,71
Cebrace	Monolítico	Cool Lite ST 136	6	#2	0,30	0,17	0,21	0,37	0,22	0,18	0,89	0,80	0,42	5,47	0,87
Cebrace	Laminado	Cool Lite ST 136 + Incolor	4+4	#2	0,30	0,17	0,10	0,38	0,20	0,13	0,89	0,89	0,42	5,56	0,91
Cebrace	Monolítico	Cool Lite ST 158	6	#2	0,51	0,14	0,16	0,58	0,18	0,19	0,89	0,87	0,59	5,64	0,97
Cebrace	Laminado	Cool Lite ST 158 + Incolor	4+4	#2	0,49	0,12	0,10	0,62	0,14	0,12	0,89	0,89	0,58	5,56	1,05
Cebrace	Monolítico	Cool Lite ST 166	6	#2	0,62	0,21	0,25	0,66	0,29	0,31	0,89	0,89	0,66	5,69	1,00
Cebrace	Laminado	Cool Lite ST 166 + Incolor	4+4	#2	0,62	0,14	0,15	0,75	0,20	0,20	0,89	0,89	0,68	5,56	1,11
Cebrace	Monolítico	Cool Lite ST 420	6	#2	0,10	0,14	0,32	0,17	0,24	0,27	0,89	0,67	0,26	5,16	0,64
Cebrace	Laminado	Cool Lite ST 420 + Incolor	4+4	#2	0,11	0,16	0,20	0,19	0,25	0,21	0,89	0,89	0,28	5,56	0,66

Apêndices **139**

Apêndice A – (continuação)

Fabricante	Processo	Produto	Espessura (mm)	Posição do coating	TE	RE_e	RE_i	TL	RL_e	RL_i	ε_e	ε_i	FS	U (W/m²·K)	IS
Cebrace	Monolítico	Cool Lite STB 120	6	#2	0,18	0,18	0,36	0,22	0,21	0,29	0,89	0,70	0,31	5,23	0,69
Cebrace	Laminado	Cool Lite STB 120 + Incolor	4+4	#2	0,16	0,18	0,22	0,21	0,21	0,25	0,89	0,89	0,32	5,56	0,57
Cebrace	Monolítico	Cool Lite STB 136	6	#2	0,30	0,14	0,26	0,36	0,17	0,17	0,89	0,77	0,42	5,40	0,84
Cebrace	Laminado	Cool Lite STB 136 + Incolor	4+4	#2	0,28	0,15	0,02	0,36	0,16	0,16	0,89	0,89	0,42	5,56	0,86
Cebrace	Monolítico	Cool Lite STR 428	6	#2	0,17	0,19	0,42	0,20	0,36	0,51	0,89	0,89	0,32	5,69	0,62
Cebrace	Laminado	Cool Lite STR 428 + Incolor	4+4	#2	0,24	0,21	0,27	0,26	0,04	0,38	0,89	0,89	0,37	5,56	0,70
Cebrace	Monolítico	Emerald	6	N/A	0,34	0,05	0,05	0,64	0,06	0,06	0,89	0,89	0,48	5,87	1,34
Cebrace	Monolítico	Extra Clear	6	N/A	0,59	0,08	0,08	0,91	0,08	0,08	0,89	0,89	0,89	5,69	1,02
Cebrace	Monolítico	Incolor	6	N/A	0,79	0,07	0,07	0,88	0,08	0,08	0,89	0,89	0,82	5,69	1,07
Cebrace	Monolítico	Reflecta Incolor	6	#2	0,42	0,30	0,39	0,34	0,45	0,52	0,89	0,89	0,48	5,69	0,70
Cebrace	Laminado	Reflecta Incolor + Incolor	4+4	#2	0,41	0,30	0,28	0,38	0,44	0,43	0,89	0,89	0,48	5,56	0,79
Cebrace	Monolítico	Verde	6	N/A	0,48	0,06	0,06	0,76	0,07	0,07	0,89	0,89	0,59	5,69	1,29
Guardian	Laminado	AG43 on clear	4+4	#2	0,26	0,36	0,27	0,39	0,31	0,19	0,88	0,88	0,35	5,60	1,12
Guardian	Monolítico*	AG43 on clear	6	#2	0,31	0,33	0,30	0,46	0,28	0,07	0,88	0,06	0,36	3,30	1,27
Guardian	Laminado	Chrome on clear	4+4	#2	0,29	0,23	0,12	0,34	0,27	0,11	0,88	0,88	0,40	5,60	0,86
Guardian	Monolítico	Chrome on clear	6	#2	0,31	0,24	0,17	0,35	0,31	0,10	0,88	0,69	0,40	5,20	0,87
Guardian	Laminado	LB52 on clear	4+4	#2	0,48	0,12	0,09	0,56	0,14	0,10	0,88	0,88	0,57	5,60	0,97

Apêndice A – (continuação)

Fabricante	Processo	Produto	Espessura (mm)	Posição do coating	TE	RE$_e$	RE$_i$	TL	RL$_e$	RL$_i$	ε_e	ε_i	FS	U (W/m²·K)	IS
Guardian	Monolítico	LB52 on clear	6	#2	0,48	0,13	0,17	0,52	0,17	0,17	0,88	0,83	0,57	5,50	0,90
Guardian	Monolítico	N14 on clear	6	#2	0,12	0,29	0,43	0,14	0,32	0,40	0,88	0,32	0,22	4,20	0,62
Guardian	Laminado	N14 on clear	4+4	#2	0,13	0,32	0,28	0,16	0,34	0,31	0,88	0,88	0,26	5,60	0,61
Guardian	Laminado	Neutral 40 on clear	4+4	#2	0,27	0,26	0,20	0,38	0,22	0,15	0,88	0,88	0,38	5,60	1,00
Guardian	Monolítico*	Neutral 40 on clear	6	#2	0,31	0,23	0,23	0,43	0,21	0,05	0,88	0,12	0,38	3,60	1,14
Guardian	Laminado	Neutral on clear	4+4	#2	0,34	0,20	0,10	0,42	0,24	0,09	0,88	0,88	0,45	5,60	0,92
Guardian	Monolítico	Neutral on clear	6	#2	0,37	0,23	0,14	0,43	0,30	0,07	0,88	0,73	0,46	5,30	0,93
Guardian	Laminado	NP50 on clear	4+4	#2	0,31	0,34	0,28	0,47	0,25	0,19	0,88	0,88	0,39	5,60	1,20
Guardian	Monolítico*	NP50 on clear	6	#2	0,37	0,30	0,31	0,54	0,23	0,08	0,88	0,05	0,41	3,30	1,31
Guardian	Monolítico	RB20 on clear	6	#2	0,18	0,21	0,37	0,21	0,22	0,32	0,88	0,54	0,30	4,80	0,71
Guardian	Laminado	RB20 on clear	4+4	#2	0,18	0,23	0,27	0,22	0,23	0,29	0,88	0,88	0,32	5,60	0,68
Guardian	Monolítico*	RB40 on clear	6	#2	0,31	0,25	0,29	0,42	0,24	0,12	0,88	0,09	0,37	3,40	1,13

Apêndice A – (continuação)

Fabricante	Processo	Produto	Espessura (mm)	Posição do coating	TE	RE$_e$	RE$_i$	TL	RL$_e$	RL$_i$	ε_e	ε_i	FS	U (W/m²·K)	IS
Guardian	Laminado	RB40 on clear	4+4	#2	0,26	0,29	0,26	0,35	0,29	0,24	0,88	0,88	0,37	5,60	0,95
Guardian	Monolítico	Reflect Guardian on clear	6	#2	0,37	0,35	0,44	0,25	0,33	0,26	0,88	0,89	0,43	5,70	0,57
Guardian	Laminado	Reflect Guardian on clear	4+4	#2	0,40	0,31	0,29	0,31	0,41	0,41	0,88	0,88	0,47	5,60	0,67
Guardian	Monolítico	Silver 20 on clear	6	#2	0,16	0,29	0,32	0,19	0,33	0,26	0,88	0,37	0,26	4,40	0,74
Guardian	Laminado	Silver 20 on clear	4+4	#2	0,15	0,31	0,24	0,19	0,32	0,25	0,88	0,88	0,28	5,60	0,68
Guardian	Monolítico	Silver 32 on clear	6	#2	0,29	0,20	0,24	0,32	0,24	0,22	0,88	0,70	0,40	5,20	0,80
Guardian	Laminado	Silver 32 on clear	4+4	#2	0,27	0,20	0,15	0,33	0,23	0,17	0,88	0,88	0,40	5,60	0,83
Guardian	Laminado	Sunlight on clear	4+4	#2	0,60	0,10	0,08	0,69	0,11	0,09	0,88	0,88	0,67	5,60	1,03
Guardian	Monolítico	Sunlight on clear	6	#2	0,63	0,11	0,13	0,66	0,13	0,14	0,88	0,87	0,69	5,60	0,96

(*) Os vidros monolíticos indicados por asterisco não podem ser usados com o *coating* exposto, devendo ser obrigatoriamente laminados ou insulados, com a face 2 voltada ao PVB ou à câmara de ar.

Legenda:

TE   transmissão energética (ou solar)
RE$_e$ reflexão energética externa
RE$_i$ reflexão energética interna
TL   transmissão luminosa
RL$_e$ reflexão luminosa externa
RL$_i$ reflexão luminosa interna
ε_e emissividade externa
ε_i emissividade interna
FS   fator solar
U   transmitância térmica
IS   índice de seletividade

Apêndice B – Exemplo de cálculo de espessura

Este apêndice traz um exemplo de cálculo de espessura de uma peça de vidro conforme o procedimento descrito na seção 8.2.2.

Exemplo: Determinação da espessura de uma peça de vidro com dimensões de 500 mm × 1.000 mm a ser instalada na região de Florianópolis (SC), na janela de um prédio de 9 m de largura por 20 m de comprimento e 36 m de altura, em um terreno plano no centro urbano.

Resolução:

a) Determinar a velocidade característica do vento (V_k)

Para isso, identifica-se a velocidade básica do vento (V_0) no mapa de isopletas (Fig. 8.3). Florianópolis está localizada entre as curvas de 40 m/s e 45 m/s. A favor da segurança, adota-se V_0 = 45 m/s.

Em seguida, determina-se o fator topográfico S_1 (Quadro 8.3). Considerando terreno plano, S_1 = 1,0.

O fator de rugosidade (S_2) é adotado para a categoria V (centros de grandes cidades) e a classe B (edificação com maior dimensão entre 20 m e 50 m). No caso de elementos de vedação, a NBR 6123 (ABNT, 1988) recomenda avaliar S_2 para o topo da edificação, nesse caso, z = 36 m. Pela Tab. 8.3, adota-se S_2 = 0,89 (para z = 40 m, a favor da segurança).

O fator estatístico S_3 é obtido da Tab. 8.4 considerando o grupo 4 (vedações), logo S_3 = 0,88.

Aplica-se a Eq. 8.1:

$$V_k = V_0 \cdot S_1 \cdot S_2 \cdot S_3 = 45 \times 1,0 \times 0,89 \times 0,88 = 35,2 \text{ m/s}$$

b) Determinar a pressão dinâmica (q)

Aplicando a Eq. 8.2:

$$q = 0{,}613 \cdot V_k^2 = 0{,}613 \times 35{,}2^2 = 759 \text{ Pa}$$

c) Determinar a pressão de ação do vento (P_v)

Para isso, é necessário determinar o coeficiente de forma (C), que depende das dimensões da edificação e da localização da janela, de acordo com a NBR 6123. A Tab. 8.5 sugere valores a favor da segurança, considerando edificações retangulares com áreas de abertura igualmente distribuídas em todas as fachadas. Levando em conta que $h = 36$ m, $a = 20$ e $b = 9$, tem-se que:

$$\frac{h}{b} = \frac{36}{9} = 4$$

Pela tabela, para $h/b > 3/2$, adota-se $C = 2{,}2$ (a favor da segurança, uma vez que a janela pode ser instalada nas bordas da fachada do edifício).

Aplica-se a Eq. 8.3:

$$P_v = C \cdot q = 2{,}2 \times 759 = 1.670 \text{ Pa}$$

d) Determinar a pressão de cálculo (P)

Considerando vidro externo na vertical, aplica-se a primeira equação do Quadro 8.6:

$$P = 1{,}5 \cdot P_v = 1{,}5 \times 1.670 = 2.505 \text{ Pa}$$

e) Calcular a espessura (e_1) em função das condições de apoio da peça

Tendo em mente um vidro apoiado em quatro lados, onde a relação entre comprimento e largura é menor ou igual a 2,5 ($L/l \leq 2{,}5$), adota-se a primeira equação do Quadro 8.7:

$$e_1 = \sqrt{\frac{S \cdot P}{100}} = \sqrt{\frac{1{,}0 \times 0{,}5 \times 2.505}{100}} = 3{,}5 \text{ mm}$$

f) Verificar a resistência

Considerando a utilização de vidro monolítico, a espessura de chapa que atenderia ao valor de e_1 calculado anteriormente seria de 4 mm. Levando em conta a tolerância de variação de espessura durante o processo de fabricação (Tab. 8.6), adota-se a espessura nominal (e_i) de 3,8 mm e aplica-se a primeira equação do Quadro 8.8. Nesse cálculo, o valor de ε é definido na Tab. 8.7 como 1,00 para o vidro *float* comum (ε_3):

$$e_R = \frac{e_i}{\varepsilon_3} = \frac{3{,}8}{1{,}00} = 3{,}8 \text{ mm}$$

Realiza-se a verificação da resistência de acordo com a Eq. 8.5, com fator de redução $c = 1,0$, pois o vidro não está aplicado no piso térreo:

$$e_R \geq e_1 \cdot c$$
$$3,8 \geq 3,5 \times 1,0$$
$$3,8 \geq 3,5 \therefore \text{resistência atendida!}$$

g) Verificar a flecha

Para o cálculo da flecha, determina-se o coeficiente de deformação (α) em função das dimensões e das condições de fixação da peça de vidro (Tab. 8.9). Para vidro apoiado em quatro lados, com relação largura/comprimento igual a 0,5 ($l/L = 0,5$), $\alpha = 1,6429$. Considerando que o menor lado da peça de vidro (b) é de 0,5 m, aplica-se a Eq. 8.6 para o cálculo da flecha:

$$f = \alpha \cdot \frac{P}{1,5} \cdot \frac{b^4}{e_F^3} = 1,6429 \times \frac{2.505}{1,5} \times \frac{0,5^4}{3,8^3} = 3,1 \text{ mm}$$

Realiza-se a verificação de flecha admissível conforme apresentado na Tab. 8.8. Considerando vidro exterior apoiado no perímetro, a deformação máxima deve ser de $l/60$, limitado a 30 mm, portanto:

$$\text{Flecha admissível} = \frac{l}{60} = \frac{500}{60} = 8,3 \text{ mm}$$

Como a flecha calculada (3,1 mm) está dentro do limite permitido, o vidro *float* de 4 mm de espessura atende a essa aplicação.

A NBR 7199 traz em seus anexos outros exemplos de cálculo de espessura equivalente (e_F) para cálculo da flecha, bem como exemplos de cálculo de espessuras de composições laminadas e insuladas.